Stefan Hensel

Wirbelstromsensorbasierte Lokalisierung von Schienenfahrzeugen in topologischen Karten

**Schriftenreihe
Institut für Mess- und Regelungstechnik,
Karlsruher Institut für Technologie**
Band 018

Eine Übersicht über alle bisher in dieser Schriftenreihe erschienenen Bände
finden Sie am Ende des Buchs.

Wirbelstromsensorbasierte Lokalisierung von Schienenfahrzeugen in topologischen Karten

von
Stefan Hensel

Dissertation, Karlsruher Institut für Technologie
Fakultät für Maschinenbau
Tag der mündlichen Prüfung: 28. Januar 2011
Referenten: Prof. Dr.-Ing. C. Stiller, Prof. Dr.-Ing. J. Beyerer

Impressum

Karlsruher Institut für Technologie (KIT)
KIT Scientific Publishing
Straße am Forum 2
D-76131 Karlsruhe
www.ksp.kit.edu

KIT – Universität des Landes Baden-Württemberg und nationales
Forschungszentrum in der Helmholtz-Gemeinschaft

KIT Scientific Publishing 2011
Print on Demand

ISSN 1613-4214
ISBN 978-3-86644-749-3

Vorwort

Die vorliegende Arbeit entstand während meiner Tätigkeit am Institut für Mess- und Regelungstechnik des Karlsruher Instituts für Technologie (KIT) und wurde von Herrn Prof. Dr.-Ing. Christoph Stiller betreut. Ihm Danke ich für die Betreuung und die wissenschaftliche Freiheit, die in Kombination mit dem angenehmen Arbeitsklima die Dissertation in dieser Form ermöglicht hat. Außerdem bedanke ich mich bei Herrn Prof. Dr.-Ing. Franz Mesch für das stetige Interesse an meiner Arbeit und wertvolle Hinweise in der Erstkorrektur.

Herrn Prof. Dr.-Ing. habil. Jürgen Beyerer gilt mein Dank für die Übernahme des Korreferats und dem Interesse an meiner Arbeit.

Besonderer Dank gebührt den Herren Håkan Lind und Askell Finnestad der Firma Bombardier Schweden für ihre kontinuierliche Hilfe und die Weiterentwicklung der Sensorhardware; die gemeinsamen Messfahrten stellen sicherlich Höhepunkte der Dissertationszeit dar. Hervorheben möchte ich die großzügige und unbürokratische Unterstützung meiner Arbeit durch die Verkehrsbetriebe Karlsruhe, die eine Vielzahl von Messfahrten auf ihrem Streckennetz ermöglichten. Insbesondere Danke ich Herrn Steffen Kage, der bei allen Anliegen hilfreich zur Seite stand. Ebenfalls bedanke ich mich bei dem Bundesministerium für Wirtschaft und Technologie für die Förderung der Arbeit im Rahmen des Projektes „DemoOrt Phase II“.

Bedanken möchte ich mich bei allen Kollegen für fruchtbare Anregungen in Kaffeerunden und Seminaren. Mein besonderer Dank gilt meinem langjährigen Bürokollegen Carsten Hasberg für die hilfreichen Diskussionen und vielen angenehmen Stunden, die wir zusammen auf Messfahrten, Konferenzen und Dienstreisen verbracht haben. Herzlichen Dank gebührt ihm und Herrn Tobias Strauß für das Korrekturlesen der Arbeit. Ebenfalls danken möchte ich meinen vielen fleißigen Studien- und Diplomarbeitern, die zum gelingen der Arbeit beigetragen haben. Dem Sekretariat gebührt umfangreicher Dank für die Hilfe in allen Verwaltungsbelangen. Den Werkstätten, stellvertretend Herrn Günter Barth und Herrn Marcus Hoffner, sowie Herrn Werner Paal und Herrn Frank-Stefan Müller schulde ich Dank für die Hilfe in allen praktischen Belangen.

Meiner Familie danke ich für ihre Unterstützung und Nachsicht in all den Jahren. Der größte Dank gilt meiner Frau Irina Hensel für ihren Beistand, Rat und Hilfe in fachlichen und nicht fachlichen Belangen sowie meinem Sohn Cassian, für die Geduld mit seinem Vater. Ihnen ist diese Arbeit gewidmet.

Karlsruhe, im Februar 2011 Stefan Hensel

Kurzfassung

Im Verkehrs- und Logistikwesen ist die präzise Lokalisierung von Fahrzeugen die essentielle Grundvoraussetzung für einen effektiven und sicheren Güter- und Personenverkehr. Herkömmliche Lokalisierungssysteme im Eisenbahnwesen nutzen kostenintensive streckenseitige Aufbauten, die eine nur unzureichende Positionsgenauigkeit für den Einsatz moderner Betriebsverfahren bieten. Dies verhindert die effizientere Ausnutzung gegebener Streckeninfrastruktur, die die Erschließung ungenutzter Gleiskapazitäten ermöglichen würde.

Diese Arbeit beschreibt ein Verfahren für die präzise und gleisgenaue Lokalisierung von Schienenfahrzeugen in topologischen Karten, unter alleiniger Nutzung eines Wirbelstromsensorsystems (WSS). Sie liefert eine vollständige Beschreibung und Untersuchung aller dafür notwendigen Prozessschritte. Die Geschwindigkeit wird mit Laufzeitkorrelationsverfahren auf Basis entzerrter WSS-Signale und anschließender Verwendung eines Kalman-Filters gewonnen. Die darauffolgende Bestimmung des zurückgelegten Weges geschieht durch Integration der Geschwindigkeit oder der robusten Ermittlung zurückgelegter Schwellen. Natürliche Bezugspunkte im Schienennetz stellen Weichen dar, die als Landmarken genutzt werden. Die Detektion und Klassifikation der Weichen wird durch den Einsatz verdeckter Markowmodelle erreicht. Die Fusion von Weg- und Weicheninformation in einer topologischen Karte liefert die gewünschte Positionsangabe. Diese wird mit einer rekursiven Schätzung, basierend auf der sequentiellen Monte-Carlo-Methode bestimmt. Die Leistungsfähigkeit des gesamten Lokalisierungssystems wird abschließend mit der Auswertung experimentell gewonnener Daten demonstriert.

Schlagworte: Lokalisierung – Wirbelstromsensorsystem – Verdeckte Markowmodelle – Rekursive Zustandsschätzung

Abstract

The precise localization of vehicles is an essential prerequisite for the effective and secure commercial and personal transport in modern logistics. Current railway localization systems are based on cost intensive track side installations. Those systems provide an insufficient positioning accuracy to be used with modern railway disposition techniques. This prevents from an efficient usage of available rail infrastructure and the exploitation of unused rail capacity.

This thesis outlines a method for a precise and track selective localization of rail vehicles in topological maps with the exclusive usage of an eddy current sensor system (ECS). The thesis provides a complete description of all necessary components of the localization system. The velocity measurement is done with correlation of pre-warped signals and a subsequent Kalman filter step. The determination of the traveled distance is achieved under consideration of two different methods. One is based on velocity integration the other on the robust determination of passed sleepers. Turnouts represent landmarks in the rail network that are used for the localization process. The turnout detection and classification is conducted with hidden Markov models. The fusion of distance and turnout information in a topological map provides the desired position estimate. This is realized with a recursive estimation procedure, based on sequential Monte Carlo methods. The evaluation of real data finally provides the proof of concept for the described localization system.

Keywords: Localization – Eddy current sensor system – Hidden Markov models – Recursive state estimation

Inhaltsverzeichnis

Symbolverzeichnis

Since the underlying mathematical ideas are the important quantities, no notation should be adhered to slavishly. It is all a question of who is master. - Bellmann, Introduction to matrix analysis 1960

Abkürzungen

AIC	Akaike Information Criterion
BIC	Bayes Information Criterion
Bf.	Bahnhof
BMWi	Bundesministerium für Wirtschaft und Technologie
CLC	Closed-loop Correlator
DemoOrt	Demonstrator Ortung
DTW	Dynamische Zeitverzerrung (engl. *dynamic time warping*)
ERTMS	European Rail Traffic Management System
ETCS	European Train Control System
EW	Einfache Weiche
GNSS	Global Navigation Satellite System
GPS	Global Positioning System (amerikanisches GNSS)
HMM	hidden Markov model (verdecktes Markowmodell)
IMU	Inertial Measurement Unit (inertiale Messeinheit mit Auswertung)
INS	Integriertes Navigationssystem (satellitengestützte Trägheitsnavigation)
IRLS	Iterative reweighted least squares
KKF	Kreuzkorrelationsfunktion
LBG	Lind Buzo Gray Algorithmus
MAP	Maximum a Posteriori
ML	Maximum Likelihood
MRT	Institut für Mess- und Regelungstechnik,

KIT	Karlsruher Institut für Technologie
PSE	Präsignalentzerrung
STFT	Short Time Fourier Transformation
UTM	Universal Transverse Mercator
WA	Weichenanfang
WE	Weichenende
WSS	Wirbelstromsensorsystem

Notationsvereinbarungen

Skalare	nicht fett, kursiv: $a, b, c, \ldots$
Vektoren	fett, kursiv: $\boldsymbol{a}, \boldsymbol{b}, \boldsymbol{c}, \ldots$
Matrizen	fett, groß: $\mathbf{A}, \mathbf{B}, \mathbf{C}, \ldots$
Mengen	kalligraphisch, groß: $\mathcal{A}, \mathcal{B}, \mathcal{C}, \ldots$
Konstanten, Bezeichner	nicht kursiv: a, b, c, $\ldots$
Zufallsgrößen	kursiv, groß: $A, B, C \ldots$
Stochastischer Prozess im Zeitbereich	kursiv, groß, in Klammer: $\{A_t\}, \{B_t\} \ldots$
Zufallsvektoren	fett, kursiv, groß: $\boldsymbol{A}, \boldsymbol{B}, \boldsymbol{C} \ldots$
Realisierung von Zufallsgrößen	kursiv, klein: $a, b, c, \ldots$
Realisierung von Zufallsvektoren	kursiv, klein, fett: $\boldsymbol{a}, \boldsymbol{b}, \boldsymbol{c} \ldots$

Operatoren

$\arg\{.\}$	Argument einer Funktion
$:=$	Definition
$\delta(x)$	Diracsche Delta-Distribution
$\exp$	Exponentialfunktion
$\mathrm{E}\{.\}$	Erwartungswert
$\|\cdot\|$	Euklidische Norm
$*$	Faltungsoperator
$f(.), g(.)$	Funktionen
$\bigwedge$	Konjunktion
$\mathcal{N}(x\|\mu, \sigma^2)$	Normalverteilung über x mit Mittelwert μ und Varianz σ^2
$\hat{x}$	Schätzwert von x

x^{T}	Transposition des Vektors x
$\mathrm{var}\{.\}$	Varianz
$\sim$	verteilt gemäß

Symbole

Allgemein

d	Weglänge
e, e	Fehler
$\hat{e}$	Residuum
Δ	Differenz
$\overline{x}$	empirischer Mittelwert von x
$\hat{\sigma}_x^2$	empirische Varianz von x
$s(t)$	Sensorsignal (zeitabhängig)
$s(x)$	Sensorsignal (ortsabhängig)
s_1, s_2	Sensorkanal 1 und 2
$s[k]$	diskretes Signal mit Zählvariable k
$s_0(x)$	Schwellenbasissignal
$\mathbf{s}$	Sensorsignal (bestehend aus N Samples)
σ_x^2	Varianz von x
i, j, k, m, n	Zählvariablen
t	Zeit
x_{max}	Maximalwert von x
$\chi_{n,\,1-\alpha}^2$	χ^2-Test mit n Freiheitsgraden und Signifikanzniveau α
v	Geschwindigkeit
w_{WSS}	Störeinflüsse des WSS

Wirbelstromsensorsystem

$g_{\mathrm{IE}}(t)$	Impulsantwort der WSS-Inneneinheit
$g_{\mathrm{AE}}(t)$	Impulsantwort der WSS-Außeneinheit
$i(t)$	(Erreger-)Strom
$u_{\mathrm{P1}}(t), u_{\mathrm{P2}}(t)$	Spannungsfall an der Empfängerspule

Geschwindigkeitsschätzung und Distanzbestimmung

a	Beschleunigung
d_{cl}	Schwellenabstand
$\tilde{d}_{\mathrm{cl}}$	gemessener Schwellenabstand
d_0	normalisiertes Residuum des Schwellenabstands
f_{S}	Abtastfrequenz
$\tilde{d}_{T_{\mathrm{M}}}$	Distanz im entzerrten Messintervall
$\varkappa$	Entzerrungsfaktor beschränkt
l	Sensorabstand der Wirbelstrom-Sensoren
Φ_{12}	Kreuzkorrelationsfunktion (KKF)
ϱ_{12}	Kreuzkorrelationskoeffizient
n_{o}	Abtastwert Originalsignal
n_{i}	Abtastwert entzerrtes Signal
R_{12}	Polaritätskorrelationsfunktion
$\tilde{s}_1, \tilde{s}_2$	Entzerrtes Signal
s_{F}	gefiltertes Signal
T_{CLC}	(Signal-)Laufzeit
τ	(Korrelator-)Laufzeit
T_{M}	Messzeit
T_{S}	Abtastzeit
$\tilde{v}$	Geschwindigkeitsschätzung des entzerrten Signals
v_0	interpolierte Intervallgeschwindigkeit
v_{m}	mittlere Intervallgeschwindigkeit
x	Zustandsvektor Kalman-Filter
ζ	Entzerrungsfaktor unbeschränkt

Weichenerkennung

$\mathbf{A}$	Transitionsmatrix eines HMM
a_{ij}	Element von $\mathbf{A}$
$\alpha_t(i)$	Vorwärtswahrscheinlichkeit für Zustand i zum Zeitpunkt t
$\beta_t(i)$	Rückwärtswahrscheinlichkeit für Zustand i zum Zeitpunkt t
$\mathbf{B}$	Emissionsmatrix eines HMM
c	Gewichtungsvektor einer Gaußmischverteilung
$\mathfrak{d}_{\mathrm{ma}}$	Mahalanobisdistanz

η	Amplitude einer Rechteckfunktion
λ_D	Verbund-HMM der Detektionsstufe
$\lambda_{\mathrm{S},1,\dots,6}$	Einzel-HMMs der Detektionsstufe
λ	HMM der Klassifikationsstufe
L_F	Länge eines Datenfensters
L_w	Länge der Merkmalsfensterfunktion
l_B	Länge eines Weichensegments
$\mathfrak{L}$	Loglikelihood
M_D	Anzahl Klassen Detektion
M_K	Anzahl Klassen Klassifikation
N	Zustandsanzahl eines HMM
$r(x)$	Infrastruktursignal
ϕ_{ss}	Autokorrelationsfunktion von $s(x)$
π	Anfangswahrscheinlichkeitsverteilung des HMM
Ψ	Waveletfunktion
Q_t, Q_x	Zustand eines HMM zum Zeitpunkt t, am Ort x
$q*$	optimale Zustandsfolge
R_S	Momentane Signalleistung
R_B	Momentane Signalleistung eines Weichensegments
$s_r(x)$	Streckenrohsignal
θ	Parametervektor einer Verteilung
$\mathcal{W}_\mathrm{Detekt}$	Menge der HMM-Detektionsergebnisse
$\mathcal{W}_\mathrm{D}$	Menge der Detektionsklassen
$\mathcal{W}_\mathrm{Klass}$	Menge der HMM-Klassifikationssergebnisse
$\mathcal{W}_\mathrm{K}$	Menge der Klassifikationsklassen
$\check{W}$	Abfolge möglicher Detektionsklassen
w_R	Störeinflüsse der Infrastruktur
ξ	Breite einer Rechteckfunktion
y	Merkmalsvektor
y_w	gefensterter Merkmalsvektor (Realisierungen)
y_D	Merkmalsvektor Detektions-HMM
Y_Klass	Merkmalsmatrix des Klassifikations-HMM

Stochastische Lokalisierung in topologischen Karten

a	Beschleunigung
Γ	Folgeknoten der topologischen Karte
Δ_{Pos}	Abweichung in Bogenlänge
E	Kante der topologischen Karte
ν_t, ν_k	zeitdiskretes und ereignisdiskretes Prozessrauschen
$\mathcal{G}$	topologische Karte
$\mathbf{G}$	Adjazenzmatrix der topologischen Karte
M	Anzahl Kanten der topologischen Karte
K	Anzahl Knoten der topologischen Karte
l_{W}	Länge eines Weichentyps
ψ	Einflussfunktion des M-Estimators
T_{S}	Filterschrittweite
$\boldsymbol{u}_t$	Steuergröße
V	Knoten der topologischen Karte
$w_t^{(n)}$	Gewicht des Partikels n zum Zeitpunkt t
x_t, x_k	Größen zum Zeitschritt t oder Schwellenindex k
x_t^{rel}	Relative Position innerhalb eines Knotens
x_t^{abs}	Absolute Position innerhalb eines Knotens
$\tilde{\boldsymbol{x}}_t$	Messung des INS
$\boldsymbol{x}_t$	Zustandsvektor Bayes-Filter
$\boldsymbol{y}$	Beobachutngsvektor Bayes-Filter
z^{D}	Beobachtung Weichendetektion
z^{K}	Beobachtung Weichenklassifikation

Notationsvereinbarungen für Zufallsvariablen

Zufallsvariablen seien in einem allgemeinen Wahrscheinlichkeitsraum $(\Omega, \mathcal{F}, P)$ definiert. Großbuchstaben bezeichnen die jeweiligen Zufallsvariablen, Kleinbuchstaben stehen für einzelne Realisierungen dieser. Eine Zufallsvariable X kann beispielsweise die Werte $\{x\}$ aus $\mathcal{X}$ annehmen. $P(F)$ bezeichnet die Wahrscheinlichkeit eines Ereignisses $F \in \mathcal{F}$. Eine entsprechende Notation liefert $P(X = x)$ um die Wahrscheinlichkeit des Ereignisses $\{\omega \in \Omega : X(\omega) = x\}$ zu beschreiben.

Die Zufallsvariable X induziert somit den Wahrscheinlichkeitsraum $(\mathcal{X}, \mathcal{B}_{\mathcal{X}}, P_X)$. Die Variable X nimmt Zustände in $\mathcal{X}$ ein, während das σ-Feld $\mathcal{B}_{\mathcal{X}}$ ein Borelfeld bezüglich einer Metrik repräsentiert, im gegebenen Fall die Menge der reellen Zahlen $\Re$ [Papoulis 2002]. Das Wahrscheinlichkeitsmaß P_X wird hierbei als *Wahrscheinlichkeitsverteilung (WV)* von X bezeichnet.

In der Arbeit werden *Zufallsvariablen (ZV)* mit kontinuierlichem Wertebereich durch ihre *Wahrscheinlichkeitsdichtefunktion (WDF)* $p(X = x)$ beschrieben, diskrete Variablen durch eine *Wahrscheinlichkeitsfunktion (WF)* $P(X = x)$. Um die Notation kompakt zu halten, soll im Weiteren $P(x) = P_X(x) = P(X = x)$ und $p(x) = p_X(x) = p(X = x)$ gelten und eine striktere formale Unterscheidung nur bei Unklarheit der Zuordnung angelegt werden.

Notationsvereinbarungen für stochastische Prozesse

Ein diskreter stochastischer Prozess $\{X_t\}$ sei im Folgenden definiert mit $\{X_t,\ t \in \mathcal{T}\}$. Die Menge $\mathcal{T}$ bezeichnet eine beliebige aber indexierte Menge bzw. eine Untermenge der natürlichen Zahlen. Im Weiteren soll hierfür die Bezeichnung $\{X_t\}$ bzw. $\{Y_n\}$ gewählt werden, da die Eindeutigkeit des Indexes (zeitlich oder örtlich) gewährleistet werden kann. Werden tatsächliche Werte aus einem Signal durch Abtastung entnommen und stellt dieses einen Zufallsprozess $\{X_t\}$ dar, sind die Abtastwerte Realisierungen dieses Prozesses. Das betrachtete Intervall der Länge T besteht dann aus einem Ensemble von Zufallsvariablen und die Darstellung erfolgt als Zufallsvektor gegeben durch $X = (X_1, ..., X_T)^{\mathrm{T}}$ bzw. als Realisierung von diesem mit $x = (X_1 = x_1, ..., X_T = x_T)^{\mathrm{T}}$.

1 Einleitung

Im modernen Verkehrs- und Logistikwesen ist eine präzise Lokalisierung von Fahrzeugen die essentielle Grundvoraussetzung für einen effektiven und sicheren Verkehr von Gütern und Personen. Beschränkende Faktoren stellen hierbei die mögliche Streckenauslastung sowie die hohen Sicherheitsforderungen bei der Beförderung von Fahrgästen dar. Beide Randbedingungen wirken besonders stark auf die spurgeführten Systeme des Schienenverkehrs. Die bisherige Positionsbestimmung für Fahrzeuge im Eisenbahnwesen geschieht über kostenintensive Aufbauten der Infrastruktur und der zentralen Koordination in einer Leitstelle [Pachl 2004; Schnieder 2007]. Ein Modernisierungszwang ergibt sich durch die Prognosen des Bundesministeriums für Verkehr, Bau und Stadtentwicklung (BMVBS). Dieses gibt eine jährliche Wachstumsprognose von durchschnittlich 4% ab dem Jahr 2011 an [Ratzenberger 2010]. Zusätzliche Anforderungen werden durch das Ziel der Bundesregierung, den Ausstoß von Klimagasen bis zum Jahr 2020 um 40% verglichen mit 1990 zu senken, gestellt. Um dies zu erreichen, empfiehlt das Bundesumweltamt eine Verlagerung des Straßengüterverkehrs auf den Schienengüterverkehr und „... schätzt die Verlagerungspotenziale von der Straße auf die Schiene bis zum Jahr 2025 zwischen bestimmten Regionen auf 25 bis 40 Prozent des Straßengüterverkehrsaufkommens" [Lambrecht u. a. 2009]. Für die Nutzung dieses Potenzials ist eine Weiterentwicklung aktueller Lokalisierungsstrategien notwendig. Mit der Entwicklung neuer Sensoren, wie z. B. die Kombination globaler Satellitennavigation (engl. *global navigation satellite system (GNSS)*) und Trägheitsnavigation, und Fortschritten in der Verfolgung bewegter Objekte, wird eine bordautonome und damit dezentrale Lokalisierung von Schienenfahrzeugen ermöglicht, die eine deutlich höhere Präzision, Flexibilität und die Einführung moderner Betriebssysteme, wie das Fahren mit relativem Bremswegabstand (engl. *Moving Block*), erlaubt [Schnieder u. a. 2009].

Die Lokalisierung oder Ortung ist im Rahmen der Arbeit definiert als Bestimmung des Ortes eines Objekts. Die Bestimmung der Bewegung eines Objekts durch mehrere Orte nennt man Spur oder auch *Tracking* [Bar-Shalom u. a. 2001]. Diese Definition erfordert einen Bezugsrahmen, die Karte, und Sensoren, die es ermöglichen, Information über die Objektposition in der Karte zu aktualisieren. Die bordautonome Lokalisierung ist somit das Resultat einer komplexen Verarbeitungskette. Während eine Vielzahl an Lösungsansätzen verschiedene Sensoren fusioniert (z. B. [Böhringer 2008], [Plan 2003]), wird in dieser Arbeit untersucht, wie man unter ausschließlicher Nutzung von Wirbelstromsensorik in Kombination mit einer topologischen Karte eine zuverlässige, präzise und preiswerte Positionsschätzung erhält. Die entwickelte Lokalisierungsstrategie ist hierbei so konzipiert, dass auf einfache Weise zusätzliche Sensoren, Infrastruktur, Karten oder allgemeiner *Information* eingefügt werden können.

Der zentrale Bestandteil des vorgestellten Lokalisierungsansatzes ist ein am Institut für Mess- und Regelungstechnik (MRT) entwickeltes Wirbelstromsensorsystem (WSS). Das ihm zugrunde liegende Prinzip der Wirbelstromsensorik wird typischerweise zur zerstörungsfreien Werkstoffprüfung von elektrisch leitfähigen Materialien eingesetzt [Steeb 2004]. Durch eine geschickte Anpassung der Parameter und entsprechender Signalverarbeitung kann der Sensor dazu benutzt werden, ferromagnetische Inhomogenitäten entlang des Schienenstranges zu detektieren. Dabei handelt es sich im Wesentlichen um Schienenbefestigungen – aber auch Weichen, Brücken und andere Infrastrukturbestandteile, die im Messbereich des Sensors liegen, haben Einfluss auf das Signal. Eine wichtige Eigenschaft des Systems ist die Gewinnung lokaler Messungen, d. h. der Wirbelstromsensor ist nicht in der Lage, eine globale Absolutposition anzugeben, wie das beispielsweise mit einem GNSS System erreicht wird. Die globale Positionsbestimmung mit WSS wird erst in Kombination mit einer Karte ermöglicht. Verwendet man topologische Karten, die für jedes Streckennetz bereits vorhanden sind oder einfach erstellt werden können, ist eine gleisgenaue, kostengünstige und Schritt haltende Lokalisierung realisierbar.

1.1   Einordnung der Arbeit

Eine möglichst präzise Ortsbestimmung von Fahrzeugen im spurgeführten Verkehr bildet die Grundlage des gesamten Eisenbahnbetriebes [Schnieder 2007]. Die Ortung wird in *sicherheitskritische* Anwendungen im Bereich der Zugsicherung und Fahrwegsicherung sowie *nicht sicherheitskritische* Anwendungen in der Logistik (Fahrzeug- und Güterverfolgung) und dem Bereich Bahnbetrieb/Disposition (Zuglaufverfolgung und Fahrzeugdisposition), unterteilt [Pachl 2004].

Bereits seit den 80er Jahren des letzten Jahrhunderts wird die *Linienzugbeeinflussung* zur absoluten Positionsbestimmung durch zusätzliche streckenseitige Installationen angewendet [Holzmann u. a. 2004]. Erste Ansätze für die Fahrzeuglokalisierung bestehen in der Definition und Einführung des *ETCS/ERTMS*[1]-Standards, der, in verschiedene Stufen unterteilt, letztlich zu einer europaweiten Vereinheitlichung des Schienenverkehrs und damit zur Ablösung der bisher genutzten Zugsicherungssysteme führen soll [Winter u. a. 2009]. Ziele sind eine erhöhte Sicherheit, Wirtschaftlichkeit und Streckenauslastung unter Beibehaltung der bereits bestehenden Schieneninfrastruktur durch die Verlagerung von Aufgaben der streckenseitigen Ortung an die bordseitige autonome Lokalisierung.

Alle Ortungssysteme mit angestrebter Sicherheitsrelevanz setzen hierbei auf eine Kombination diversitärer Sensorprinzipien, i. a. kombinierte GNSS-Kreiselsysteme, die als *integrierte Navigationssysteme (INS)* [Wendel 2007] bezeichnet werden. Die so gewonnenen Messdaten werden schließlich mit Methoden der Schätztheorie fusioniert. Gemeinsame Basis der Informationen stellt eine digitale Karte dar. Als Beispiele dieser Herangehensweise seien die Projekte *APOLO* [Filip u. a. 2001], *RUNE* [Genghi u. a. 2003] [Albanese u. Marradi 2005] und *Integrail* [Bedrich u. Gu 2004] genannt.

Nicht sicherheitsrelevante Systeme kommen dagegen auf Nebenstrecken oder im Werksverkehr zum Einsatz und basieren in der Regel auf nur einem Sensorprinzip in Verbindung mit einer digitalen Streckenkarte. Die Ortungsgüte ist hierbei jedoch ausreichend für dispositive Aufgaben [Quddus u. a. 2007], [Shang-Guan u. a. 2009].

Eine besondere Herausforderung stellt bei allen genannten Ortungsplattformen die gleisgenaue Ortung dar. Diese ist essentiell für die Freigabe von Streckenabschnitten und das Rangieren von Wagen im Güterverkehr. Die bisher eingesetzten Systeme sind für diese Aufgabe nicht geeignet [Saab 2000a, b; Böhringer 2008]. Herkömmliche Lösungen bestehen in der Installation zusätzlicher Infrastrukturbauteile, sog. Ortsbaken oder Balisen, deren Information mit bordinterner Zusatzsensorik ausgelesen werden kann [Schnieder 2007]. Die Nutzung dieser Systeme ist allerdings mit erhöhten Kosten für Installation und Wartung verbunden.

Lösungsansätze bieten Systeme, die durch fahrzeugseitige Klassifikation der Weichenbefahrungsrichtung eine Fahrwegverfolgung erlauben. Eine Ortungsplattform, bestehend aus GPS[2]-Sensor, Drehratensensoren und Radumdrehungszähler, wird in [Plan 2003] beschrieben. Die Bestimmung der Befahrungsrichtung geschieht mit einer inertialen Messeinheit und anschließendem Vergleich mit der Karte in einem *map matching* Schritt.

---

[1]European Train Control System / European Rail Traffic Management System
[2]Global Positioning System

Wirbelstromsensoren werden im Eisenbahnbereich in unterschiedlichen Einsatzgebieten verwendet. Der Einbau in speziellen Messzügen erlaubt eine zerstörungsfreie Kontrolle der Gleiseigenschaften hinsichtlich Verschleiß und Beschädigung. Die Fehlererkennung erfolgt hierbei mit klassischen Schätzverfahren der Nachrichtentheorie [Bentoumi u. a. 2003] und der Signaldekomposition mittels *Blind Source Separation* [Bentoumi u. a. 2004]. Neuere Ansätze sind stochastischer Natur, basierend auf *Bayes'schen Netzen* [Oukhellou u. a. 2008] oder Regressionsansätzen zur Zeitreihenanalyse [Chamroukhi u. a. 2009].

Die Arbeiten [Geistler 2007] und [Böhringer 2008] nutzen eine Plattform aus Wirbelstromsensorik in Kombination mit GPS zur Lokalisierung. Letztere erfolgt bordautonom durch die Korrektur der GPS-Position mit Hilfe einer Weichenerkennung basierend auf Referenzmustervergleich. Eine hochpräzise, geometrische Karte ermöglicht im Anschluss die Projektion der geschätzten Zugposition auf das nächstgelegene Gleis.

Das in dieser Arbeit verwendete Wirbelstromsensorsystem wurde am *Institut für Mess- und Regelungstechnik (MRT)* des Karlsruher Instituts für Technologie entwickelt und besteht aus zwei getrennten Wirbelstromsensoren, die in einem Schirmgehäuse linear angeordnet sind. Das Sensorsystem ist in der Lage, mittels Laufzeitkorrelation berührungslos die Fahrzeuggeschwindigkeit zu bestimmen [Engelberg 2001]. Eine weitere Anwendung ergibt sich durch die Möglichkeit, charakteristische Signale zu detektieren, die in Kombination mit einer Karte konkreten Gleisabschnitten zugeordnet werden können und somit eine Zugortung ermöglichen. Erste Ansätze basieren auf einem Mustervergleich mittels Korrelationsverfahren [Engelberg u. a. 2000], der nachfolgend durch die Bestimmung des quadratischen Abstands zum entzerrten Referenzsignal und einer anschließenden Normierung erweitert wurde [Geistler u. Böhringer 2004; Geistler 2007].

Die vorliegende Arbeit befasst sich mit der bordautonomen Lokalisierung eines Schienenfahrzeuges unter ausschließlicher Verwendung von Wirbelstromsensorik als Messprinzip. Die Positionsbestimmung erfolgt in einer topologischen Karte relativ zu Landmarken, die in der Arbeit durch Weichen repräsentiert werden. Das Wirbelstromsensorsystem wird für die Distanzbestimmung und Landmarkengewinnung genutzt. Für beide Anwendungen werden Verfahren entworfen und vorgestellt und anhand von Ergebnissen, erhalten aus experimentell gewonnenen Daten, diskutiert und bewertend mit bestehenden Ansätzen verglichen.

1.2 Gliederung der Arbeit

Die Realisierung der fahrzeugseitigen Lokalisierung mit einem WSS erfordert die Ermittlung des zurückgelegten Weges, was in dieser Arbeit mittels der Integration der Geschwindigkeit oder ereignisbasiert durch die Zählinformation diskreter Ereignisse bestimmt wird. Zusätzlich ist für die Kompensation der unvermeidbaren integrativen Drift eine globale Positionsbestimmung für die Positionskorrektur und Initialisierung notwendig. In der Arbeit werden hierzu Weichen als natürliche Landmarken im Schienennetz gewählt und die Vorteile einer probabilistischen Formulierung der Weichenerkennung aufgezeigt. Die Fusion der relativen Geschwindigkeitsangabe mit den erkannten Weichenpositionen geschieht wiederum auf Basis stochastischer Verfahren in einer topologischen Karte. Die Lokalisierungsstrategie unterteilt die Aufgabe in die drei Komponenten Distanzbestimmung, Weichenerkennung und Informationsfusion, die modular gekapselt sind, aber über ihre jeweiligen Eingangs- und Ausgangsgrößen verknüpft sind. Dieser Zusammenhang ist in Bild 1.1 dargestellt, das zugleich den weiteren Aufbau der Arbeit widerspiegelt:

Kapitel 2 beschreibt die verwendete Wirbelstromsensorik. Nach der Erläuterung des Sensorprinzips werden Realisierung und Aufbau des Sensors genauer betrachtet. Der Sensor besteht aus zwei Hauptkomponenten, der Außeneinheit am Drehgestell des Fahrzeuges und der Inneneinheit, die sich im Fahrzeuginnenraum befindet. Die verwendete Hardwarekonfiguraton wirkt sich direkt auf das Signal aus, für das ein Entstehungsmodell auf Basis stochastischer Prozesse erstellt wird. Das Kapitel schließt mit der Beschreibung eines im Rahmen der Arbeit entstandenen Prüfstandes, der für die Vermessung der Sensorparameter und Bestätigung des Signalmodelles genutzt wird.

Kapitel 3 erläutert die Geschwindigkeitsschätzung und Distanzbestimmung mit Wirbelstromsensoren. Die zu diesem Zweck in der Inneneinheit realisierte Hardware verwendet ein Laufzeitkorrelationsverfahren mit nachgeführter Modelltotzeit (engl. *Closed-Loop-Correlator (CLC)*) für die Schätzung der Geschwindigkeit. Anschließend wird die Bedeutung einer präzisen und robusten Geschwindigkeitsschätzung für spätere Verarbeitungsschritte herausgestellt. Dies führt zu einem im Rahmen der Arbeit entstandenen, softwarebasierten Verfahren für die Distanzschätzung, der Präsignalentzerrung. In diesem wird, mit der nach einer modellbasierten Signalvorentzerrung gewonnenen Geschwindigkeitsschätzung, die Distanz im Rahmen einer Zustandsschätzung ermittelt. Ein alternativer Ansatz der Distanzbestimmung, für den in einem mit Hilfe der Geschwindigkeits-schätzung erzeugten Ortssignal der zurückgelegte Weg durch die robuste Ermittlung der passierten Schwellen gewonnen wird, schließt das Kapitel.

Kapitel 4 widmet sich der Weichenerkennung mit Methoden der statistischen Mustererkennung, d. h. Musterdetektion und -klassifikation. Basis der Algorithmen bildet die am Kapitelanfang beschriebene physikalische Ausprägung von Weichen und ein daraus abgeleitetes Signalmodell. Dieses wird dazu genutzt, die Parameter der für die Erkennung genutzten *verdeckten Markowmodelle* zu bestimmen. Mit diesen erfolgt in der Detektion die Schritt haltende Segmentierung des Wirbelstromsensorsignals. Das Resultat sind vorklassifizierte Signalbereiche, die in einer zweiten Stufe für die Klassifikation einzelner Weichen genutzt werden.

In dem Kapitel werden explizit die Vorteile einer stochastischen Modellierung gegenüber bisher verwendeten, deterministischen Verfahren herausgearbeitet. Diese liegen u. a. in der Möglichkeit generative Modelle für jede Weiche abzulegen, die anhand neuer Daten kontinuierlich angepasst werden können. Diese Anpassung erfolgt mit Hilfe der Modellparameterschätzung durch den iterativen *Expectation-Maximization* Algorithmus. Die Ergebnisse der Weichenerkennung liegen in zwei Stufen vor, von denen die Detektionsstufe allgemeine Weichenereignisse mit dem dazugehörigen Weichenanfang, die Klassifikationsstufe individuelle Weichen inklusive der Befahrungsrichtung bereitstellt.

Kapitel 5 beschreibt die Realisierung einer kontinuierlichen Positionsverfolgung mit erweiterten topologischen Karten. Der Aufbau der Karte wird erläutert und auf ein minimales Maß an notwendiger Information beschränkt, das sich durch die Messeigenschaften des WSS ebenso wie durch die notwendige Verknüpfung der Weichenerkennung mit der Karte ergibt. Anschließend erfolgt die stochastische Modellierung des Lokalisierungsproblems in Anlehnung an das rekursive Bayes-Filter. Die eigentliche Positionsschätzung erfolgt mit sequentiellen Monte-Carlo-Methoden, die genutzt werden, um die verfügbare Sensorinformation zu filtern und die Entfernungsmessung mit der Detektion und optional der Klassifikation aus Kapitel 4 zu verknüpfen. Die stochastische Formulierung des Lokalisierungsproblems erfolgt für die metrische und ereignisbezogene Distanzbestimmung und stellt die jeweiligen Vorteile beider für unterschiedliche Anforderungsszenarien heraus.

Kapitel 6 fasst die wesentlichen Punkte der Arbeit zusammen und gibt einen Ausblick auf die Möglichkeiten anschließender Forschungsarbeiten.

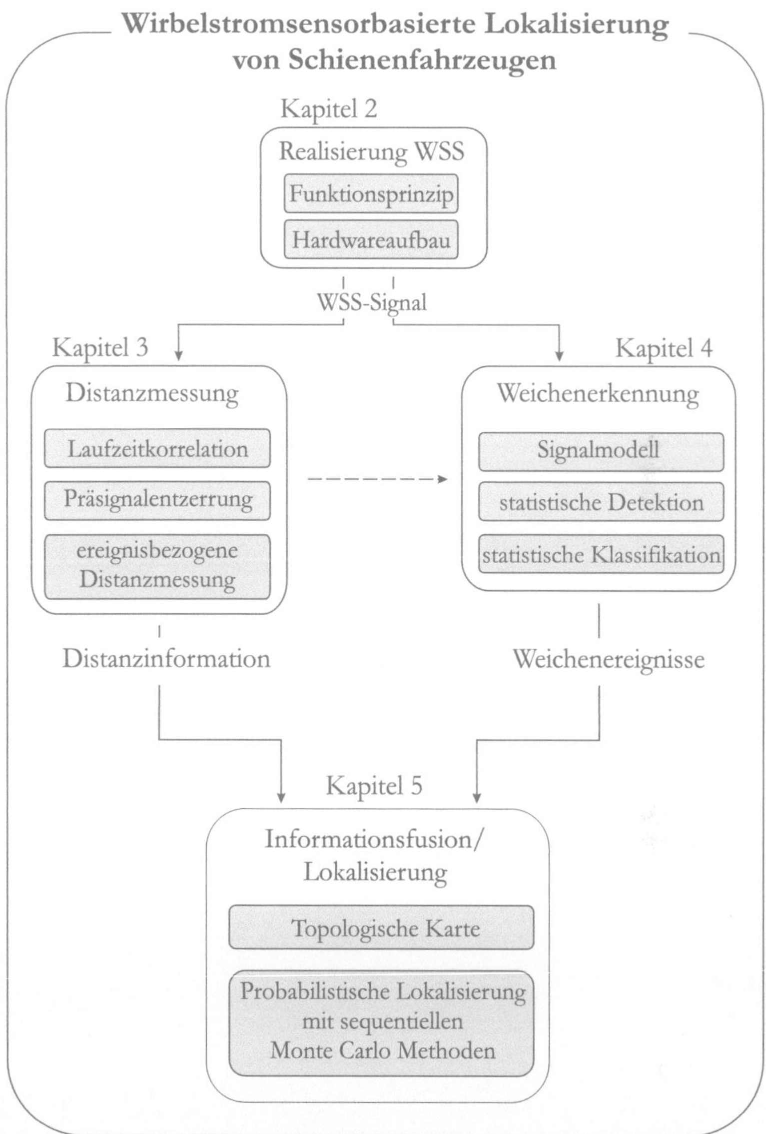

Bild 1.1: Aufbau der Arbeit und Gliederung der Blöcke in einzelne Kapitel. Der gestrichelte Pfeil zeigt an, dass für die Erzeugung der in Kapitel 4 verwendeten Ortssignale eine Geschwindigkeitsschätzung benötigt wird.

2 Wirbelstromsensorsystem (WSS)

Wir leben im Zeitalter der Systeme
- Friedrich Rückert, *Die Systeme*

In diesem Kapitel werden zunächst das Funktionsprinzip sowie die technische Realisierung der verwendeten Wirbelstromsensorik erläutert. Anhand dieser erfolgt anschließend die informationstheoretische Beschreibung des Sensorsignals. Dies bildet die Voraussetzung für die in Kapitel 3 vorgestellten Verfahren zur Geschwindigkeitsschätzung und der Weichenerkennung in Kapitel 4. Das Kapitel wird durch die Beschreibung eines im Rahmen der Arbeit entstandenen Prüfstandes beendet, der für die Hardwarekalibrierung und Gewinnung von Signalen unter reproduzierbaren Bedingungen entwickelt und aufgebaut wurde.

2.1 Messprinzip des Wirbelstromsensors

Wirbelstromsensoren werden typischerweise zur zerstörungsfreien Werkstoffprüfung eingesetzt [McIntire u. McMaster 1986; Steeb 2004]. Klassische Anwendungen im Bahnbereich beschränken sich daher auf die Gleisprüfung, wie z. B. in [Bentoumi u. a. 2003] beschrieben. Der am *Institut für Mess- und Regelungstechnik (MRT)* entwickelte Sensoraufbau wurde im Gegensatz dazu konsequent für den Einsatz zur Geschwindigkeitsmessung mittels Laufzeitkorrelationsverfahren konzipiert.

Das Wirbelstromsensorsystem besteht aus zwei linear angeordneten Sensoreinheiten, die jeweils einem Differenzsensor, dessen Aufbau in Bild 2.1 schematisch dargestellt ist, entsprechen. Das Bild veranschaulicht das grundlegende Prinzip einer Sensoreinheit. Ein Strom $i(t)$ induziert in der Erregerspule E ein elektromagnetisches Feld, das einen Wirbelstrom in Metallen, im gegebenen Falle einer Schiene, induziert. Dieser emittiert wiederum ein Feld, welches von den beiden Empfängerspulen P1 und P2 in eine jeweilige Ausgangsspannung $u_{P1}(t)$ und $u_{P2}(t)$ gewandelt wird. Das Differenzprinzip der Spulenverschaltung ermöglicht eine robuste Messung, in der Störungen, die auf beide Empfängerspulen gleichermaßen wirken, effektiv reduziert werden. Aufgrund dieser Verschaltung werden nur Inhomogenitäten im Sensorwirkbereich detektiert, die in der Anwendung hauptsächlich Schwellenbefestigungen darstellen. Das resultierende Signal

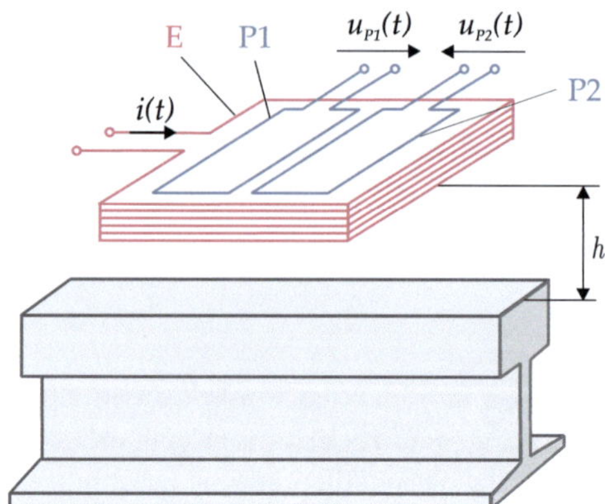

Bild 2.1: Schematische Darstellung einer Sensorspule des Wirbelstromsensorsystems [Engelberg 2001].

$s(t) = u_{\mathrm{P1}}(t) - u_{\mathrm{P2}}(t)$ für die Überfahrung einer punktförmigen Inhomogenität mit konstanter Geschwindigkeit kann idealisiert als Sägezahnsignal dargestellt werden und ist in Bild 2.2 gezeigt. Die in Bild 2.1 dargestellte Konfiguration einer Erregerspule und zweier differentieller Empfangsspulen soll im Weiteren als *Sensorkanal* bezeichnet werden, die lineare Anordnung zweier Sensorspulen in einem Schirmgehäuse, dargestellt in Bild 2.3, als *Wirbelstromsensorsystem (WSS)*.

2.2　Technische Realisierung

Die vorgestellte Wirbelstromsensorik wurde in Kooperation mit *Bombardier RCS Stockholm* realisiert und für Bahnanwendungen optimiert. Das WSS, das sich zu Beginn der Arbeit noch im Stadium einer physikalischen Machbarkeitsstudie befand, besteht aus zwei Komponenten, der Außeneinheit und der Inneneinheit, die im Folgenden genauer erläutert werden.

Außeneinheit

Die beiden Sensorkanäle befinden sich in der Außeneinheit des Wirbelstromsensors. Zum Zweck der Abschirmung der Sensoren vor äußeren Magnetfeldern befindet sich jeder Kanal in einem separaten Aluschirmgehäuse. Mechanischer Schutz im Bahnbetrieb wird durch ein massives Alugussgehäuses gewährleistet, in dem die beiden Sensoren linear auf einer Kunststoffbodenplatte angeordnet werden. Die Außeneinheit wird idealerweise zwischen den Achsen des Zuges am Drehgestell befestigt, um die Sensorposition in Bezug zu dem Schienenkopf

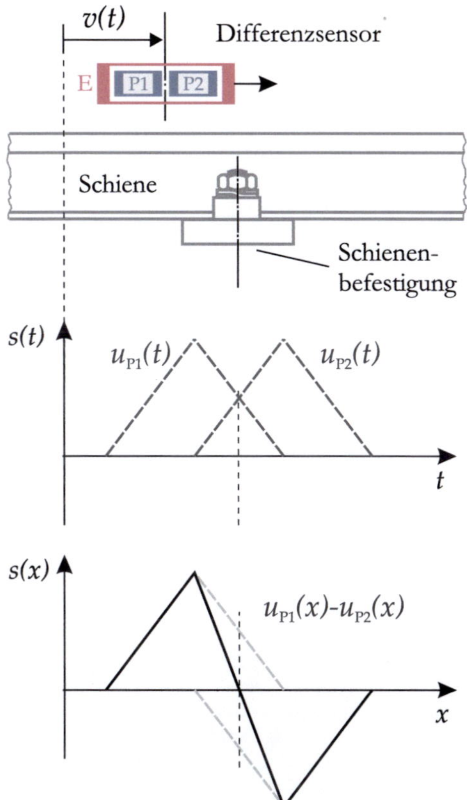

Bild 2.2: Idealisiertes Sesnorsignal $s(x)$ eines Sensorkanals bei der Überfahrung einer als punktförmig angenommenen Schienenbefestigung. Die Darstellung der Transformation in den Ortsbereich wurde so gewählt, dass Verzerrungen vermieden werden.

auch in Kurvenfahrten möglichst konstant zu halten. Im regulären Betrieb ist ein Mindestsensorabstand von acht Zentimetern zum Schienenkopf nötig, um Sicherheitsanforderungen gerecht zu werden. Die verwendete Außeneinheit ist in Bild 2.3 gezeigt. Die Montage zwischen den Achsen ist aufgrund der Konfiguration des Straßenbahntriebwagens nicht möglich, so dass die Außeneinheit longitudinal versetzt am Drehgestell befestigt ist.

Die Ausführung in Kombination mit dem Wirkprinzip macht das WSS, im Gegensatz zu optischen oder radarbasierten Systemen, robust gegen äußere Störeinflüsse wie Witterung, mechanische Belastungen oder starke Verschmutzung. Bild 2.4 zeigt den Sensor nach Hochgeschwindigkeitsfahrten in winterlicher Um-

Bild 2.3: Außeneinheit befestigt am Drehgestell einer Straßenbahn.

gebung in Schweden, bei denen die starke Vereisung keinen Einfluss auf die Signalqualität des WSS hat [Hensel 2007]. Eine weitere alpine Erprobung auf Schmalspurbahnen wurde in der Hohen Tatra, einer Hochgebirgsregion der Slowakei, im Rahmen des BMWi-Projekts *DemoOrt Phase II* durchgeführt [Schnieder u. a. 2009].

Bild 2.4: Vereiste Außeneinheit nach Erprobungsfahrten in Schweden.

Inneneinheit

Die Verarbeitung der von der Außeneinheit aufgenommenen Signale findet in der Inneneinheit statt. Diese befindet sich im Zuginneren und ist in Bild 2.5 gezeigt. Die Inneneinheit kann zu Diagnose- und Steuerzwecken mit einem PC verbunden werden, die Hauptaufgaben der Inneneinheit sind allerdings die Stromversorgung der Erregerspulen zur Felderzeugung sowie die phasenempfindliche

Bild 2.5: Ausführung der in der Arbeit verwendeten Inneneinheit.

Demodulation der Messignale. Zusätzlich werden die gemessenen Signale verstärkt, gefiltert und quantisiert. Der Signalpfad der Inneneinheit ist in Bild 2.6 nochmals detailliert dargestellt. Die resultierenden Signale $s_1(t)$ und $s_2(t)$ bilden

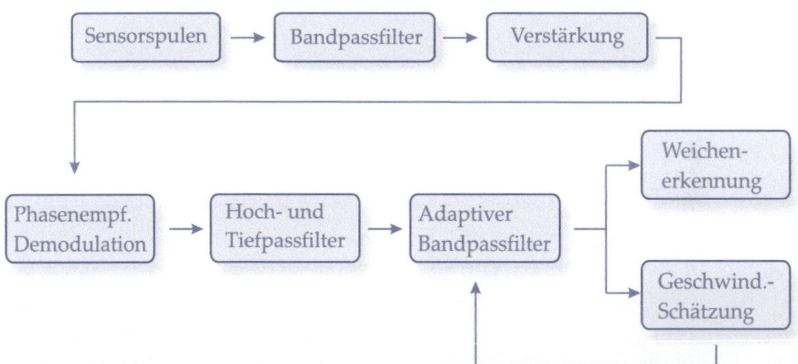

Bild 2.6: Vereinfachter Signalpfad der Inneneinheit des WSS.

den Eingang für die ebenfalls in der Einheit realisierte Geschwindigkeitsschätzung mit Laufzeitkorrelationsverfahren [Engelberg 2001]. Für die in der Arbeit genutzte technische Konfiguration erweist sich die Verwendung des adaptiven Bandpassfilters als problematisch, da durch die Rückkopplung mit der Geschwindigkeitsschätzung das Signal bei zu hohen Abweichungen der Schätzung stärker gedämpft wird, was insbesondere bei der späteren Mustererkennung berücksichtigt werden muss.

2.3 Signalentstehungsmodell Schwellen

Das Ausgangssignal der Inneneinheit bildet die Grundlage für die Geschwindigkeits-, Distanzschätzung und Weichenerkennung. Die Signalentstehung kann durch das Modell in Bild 2.7 nachgebildet werden.

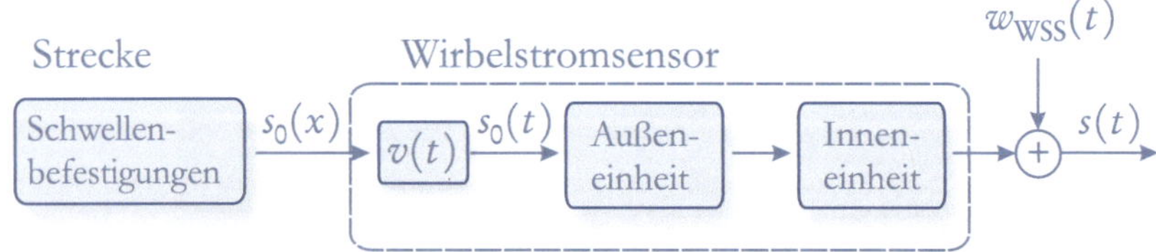

Bild 2.7: Blockdiagramm der Signalentstehung. Das Signal $s_0(t)$ repräsentiert die Realisierung des Schwellenbasisprozesses $\{S_{0,t}\}$.

Das Basissignal $s_0(x)$ stellt hierbei die Realisierung eines stochastischen Prozesses $\{S_{0,x}\}$ dar, der das Ergebnis unterschiedlicher Ausprägungen von Schwellenbefestigungen und deren Abstand darstellt. Durch die Überfahrung der Schwellen mit der Geschwindigkeit $v(t)$ wird ein Zeitsignal $s_0(t)$ erzeugt. Da die wahre Geschwindigkeit nicht bekannt ist, wird $s_0(t)$ als Realisierung des Schwellenbasisprozesses $\{S_{0,t}\}$ aufgefasst. Für diesen wird für kurze Signalabschnitte bis zu einem Meter, aufgrund der im Bahnbetrieb auftretenden Beschleunigungen, die Annahme der Ergodizität und Stationarität getroffen (s. Anhang A.1 und [Papoulis 2002]).

Das Signal $s_0(t)$ wird anschließend durch das Wirbelstromsensorsystem verändert. Dieses wird als Kombination zweier LTI-Systeme modelliert. Störeinflüsse $w_{\mathrm{WSS}}(t)$ in der Signalentstehung und -verarbeitung werden durch die Addition mit mittelwertfreiem, unkorreliertem und gaußverteiltem weißen Rauschen (AWGN) konstanter Varianz σ^2_{WSS} modelliert. Die Impulsantwort $g_{\mathrm{AE}}(t)$ der Außeneinheit entspricht einem Tiefpassverhalten erster Ordnung und ist das Ergebnis der Modellierung durch ein magnetisches Dipolmoment [Engelberg 2001]. Die anschließende Verarbeitung in der Inneneinheit analog Bild 2.6 entspricht der Kombination eines Verstärkungsfaktors und mehrerer analoger *Butterworth*-Filter. Dies ermöglicht die digitale Modellierung durch die entsprechend berechneten Parameter eines *infinite impulse response (IIR)* Filters [Oppenheim u. Schafer 1999]. Die daraus resultierende Impulsantwort $g_{\mathrm{IE}}(t)$ entspricht der Kombination eines analogen Butterworth-Hochpassfilters zwölfter Ordnung und eines Butterworth-Tiefpassfilter 14. Ordnung, deren Parameter aufgrund des adaptiven Filters von der aktuellen Schätzung der Geschwindigkeit abhängen.

Für das resultierende Zeitsignal $s(t)$ eines Sensorkanals gilt damit

$$s(t) = s_0(t) * g_{AE}(t) * g_{IE}(t) + w_{WSS}(t). \tag{2.1}$$

Für die Verifikation des Modells ist ein simuliertes Signal in Bild 2.8 gezeigt. Da in der Simulation die wahre Geschwindigkeit bekannt ist, wird als Eingangssignal das örtliche Schwellenbasissignal $s_0(x)$ gewählt. Der Abstand der Differenzspulen eines Sensorkanals entspricht in etwa dem halben Schwellenabstand. Daher ergibt sich für das resultierende Signal die periodische Abfolge des in Bild 2.2 gezeigten Sägezahnsignals. Die Simulation mit Gleichung 2.1 zeigt eine gute Übereinstimmung mit den tatsächlich auftretenden Schwellensignalen.

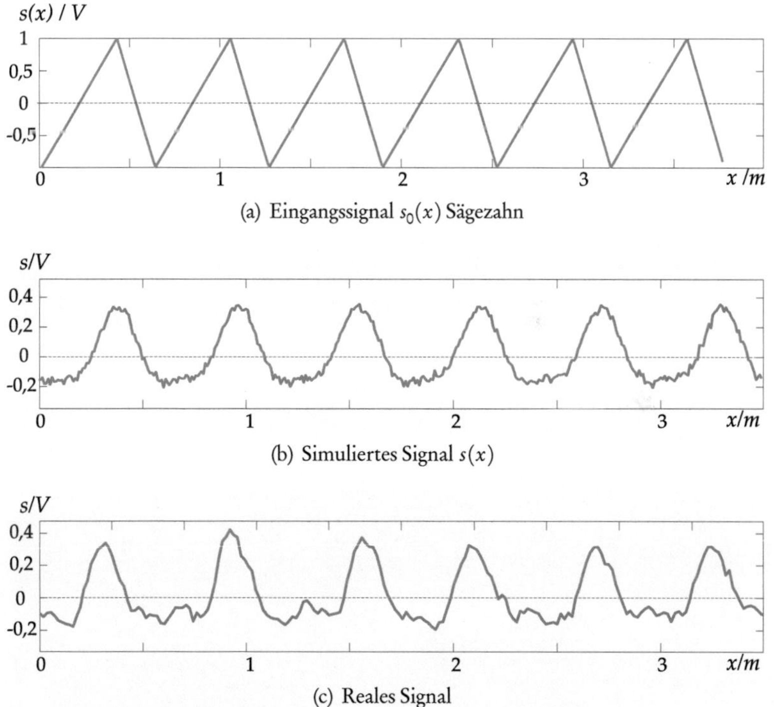

(a) Eingangssignal $s_0(x)$ Sägezahn

(b) Simuliertes Signal $s(x)$

(c) Reales Signal

Bild 2.8: Enststehungsmodell des realen Sensorsignals. Das Sägezahnsignal 2.8(a) wird analog Gleichung 2.1 transformiert und mit Rauschen beaufschlagt, so dass das simulierte Signal 2.8(b) entsteht. 2.8(c) zeigt ein Originalsignal zum Vergleich.

2.4 Prüfstand

Beide Komponenten des WSS befanden sich zu Beginn der Arbeit noch in dem Stadium einer physikalischen Machbarkeitsstudie. Für eine systematische Untersuchung und Weiterentwicklung wurde, neben der Durchführung von Feldtests, ein positions- und geschwindigkeitsgeregelter Laborprüfstand konzipiert und realisiert, der in Bild 2.9 gezeigt ist. Mit diesem ist es möglich, eine Vielzahl der Sensorparameter zu bestimmen. Zu diesen gehören die Phasenwinkel der Demodulation [Hensel u. Geistler 2006], der wirksame Abstand der Sensorspulen, der für eine präzise Geschwindigkeitsbestimmmung benötigt wird, und die Bestimmung des Messbereichs des WSS. Zusätzlich kann der Prüfstand mit einer effektiven Messstrecke von neun Metern für die Vermessung realer Weichenbauteile unter Laborbedingungen genutzt werden. Der Prüfstand weist eine kaskadierende Regelung für Position und Geschwindigkeit auf und erreicht Beschleunigungen von bis 10 $\frac{m}{s^2}$ und die Maximalgeschwindigkeit 3 $\frac{m}{s}$, so dass reale Anfahrsituationen und Manöver bei niedriger Geschwindigkeit realitätsnah abgebildet werden können [Schnieder u. a. 2009]. Die Genauigkeit der Regelung beträgt 5 mm in Position und 1 $\frac{cm}{s}$ für die Geschwindigkeit.

Bild 2.9: Ansicht des Laboraufbaus am MRT mit installiertem Wirbelstromsensor und überfahrbarem Weichenbauteil.

3 Geschwindigkeitsschätzung und Distanzmessung

Für die Umsetzung der gewählten Lokalisierungsstrategie ist es fundamental, eine präzise Schätzung der zurückgelegten Wegstrecke zur Verfügung zu haben. Das WSS eignet sich hierfür durch seine Robustheit gegenüber äußeren Störeinflüssen und der Möglichkeit, die Geschwindigkeit mittels Laufzeit-Korrelationsverfahren schlupffrei zu bestimmen, aus der wiederum der zurückgelegte Weg gewonnen wird. Ein alternatives Verfahren für die Distanzbestimmung besteht in der Zählung von Ereignissen im WSS-Signal. Dieses ereignisbezogene Distanzmaß spiegelt im Wesentlichen die Anzahl der Schwellen zwischen zwei gegebenen örtlichen Punkten wider. Diese Zählinformation lässt sich direkt als relative Positionsangabe verwenden, das Ergebnis kann anschließend in den metrischen Raum transformiert werden, insofern der mittlere Schwellenabstand bekannt ist.

3.1 Geschwindigkeitsschätzung mit Laufzeitkorrelationsverfahren

Die Ermittlung des Laufzeitunterschieds T_{CLC} der Signale $s_1(t)$ und $s_2(t)$, dargestellt in Bild 3.1, und Kenntnis des Spulenabstandes l sind ausreichend, um die aktuelle Geschwindigkeit $v = \frac{l}{T_{\mathrm{CLC}}}$ zu schätzen. Wird für kurze Zeitintervalle ein mittelwertfreies, stationäres und ergodisches Signal angenommen, kann der Laufzeitunterschied im Intervall T_{M} durch die Kreuzkorrelationsfunktion (KKF) Φ_{12} mit folgender Formel ermittelt werden [Engelberg 2001]:

$$\Phi_{12}(\tau) = \lim_{T_{\mathrm{M}} \to \infty} \frac{1}{T_{\mathrm{M}}} \int_0^{T_{\mathrm{M}}} s_1(t - \tau) s_2(t)\,\mathrm{d}t \ . \tag{3.1}$$

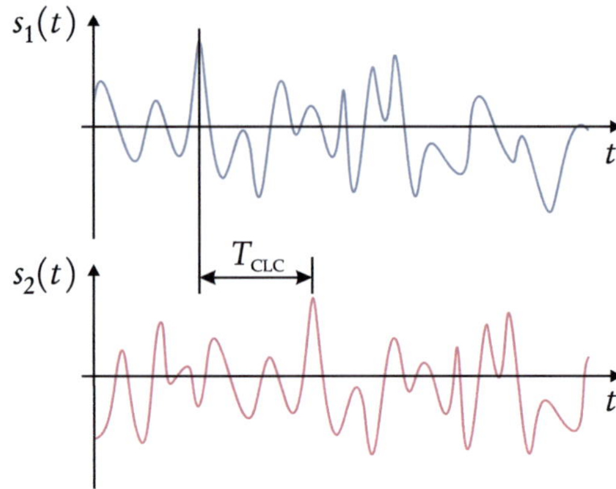

Bild 3.1: Zeitversetzte Sensorsignale mit Laufzeitunterschied T_{CLC}.

Aus dieser Berechnung folgt der Laufzeitunterschied aus der Ermittlung des KKF-Maximums mit

$$T_{\mathrm{CLC}} = \arg\max_{\tau}\{\Phi_{12}(\tau)\}. \tag{3.2}$$

Für den Kreuzkorrelationskoeffizienten $\varrho_{12}(\tau)$ gilt aufgrund der Mittelwertfreiheit der vorliegenden Signale

$$\varrho_{12}(\tau) = \frac{\Phi_{12}(\tau)}{\sigma_1 \cdot \sigma_2}. \tag{3.3}$$

$\varrho_{12}(\tau)$ ist auf das Intervall $[-1, 1]$ beschränkt und wird 1 für identische Signale, die zueinander verschoben und durch einen positiven Faktor skaliert sind.

Auf Grund der periodisch auftretenden Schienenbefestigungen ist auch die KKF der Signale periodisch [Middleton 1996; Papoulis 2002]. Dies erschwert die Bestimmung von τ, da bei idealen Voraussetzungen nicht zwischen Hauptmaximum $\tau = T_{\mathrm{CLC}}$ und Nebenmaxima unterschieden werden kann. Im WSS wird daher ein *Closed-Loop-Correlator (CLC)* verwendet, der sich durch das Nachführen einer Modell-Laufzeit auszeichnet. Details finden sich beispielsweise in [Zeitler 1998; Engelberg 2001; Berger 2003]. Eine gegenüber der KKF einfachere technische Realisierung des CLC erfolgt durch Verwendung der Polaritäts-Korrelationsfunktion (PKF)

$$R_{12}(\tau) = E\{\mathrm{sgn}[s_1(t-\tau)]\mathrm{sgn}[s_2(t)]\}. \tag{3.4}$$

Die iterative Bestimmung der Laufzeit T_{CLC} erfolgt schließlich mit dem *modifiziertem Newton Raphson Verfahren* [Burkhardt u. Moll 1979]. Weitere Untersuchungen zu Robustheit, Korrelator-Dynamik und Fehlereinflüssen finden sich in [Engelberg 2001].

3.2 Geschwindigkeitsschätzung mit Präsignalentzerrung

Die beschriebene Ermittlung der Geschwindigkeit mit Laufzeitverfahren sorgt für eine zuverlässige Bestimmung der Geschwindigkeit, solange diese ausreichend hoch ($\hat{v}(t) > 2\frac{\mathrm{m}}{\mathrm{s}}$) und in der Mittelungszeit T_{M} konstant ist. Systematische Fehler, beispielsweise Ungenauigkeiten im Abgleich der Sensorspulen, und eine nur endliche Mittelungszeit in Gleichung 3.1 führen allerdings zu Unsicherheiten in der Laufzeitschätzung $\hat{T}_{\mathrm{CLC}}$. Dies macht die präzise Positionsbestimmung für größere Zeiträume unmöglich, da Abweichungen der Distanz $d(\hat{x})$ auf Streckenstücken von mehreren Kilometern aufgrund des integrativen Zusammenhangs

$$d(\hat{x}) = \int_0^T \hat{v}(t)\, \mathrm{d}t = \int_0^T \frac{l}{\hat{T}_{\mathrm{CLC}}(t)}\, \mathrm{d}t \tag{3.5}$$

unzulässig groß werden.

Neben der Unsicherheit durch integrative Drift weist die technische Realisierung des CLC in der Inneneinheit zusätzliche Ungenauigkeiten für Fahrmanöver bei niedrigen Geschwindigkeiten auf. Während Züge bei höheren Geschwindigkeiten durch die gegebene Dynamik nur geringe relative Beschleunigungen aufweisen, führen Beschleunigungs- und Bremsvorgänge bei niedrigen Geschwindigkeiten aufgrund der Korrelatordynamik dazu, dass durch die geschätzte Laufzeit eine über das Intervall T_{M} gemittelte Geschwindigkeit bestimmt wird. Die Abweichung manifestiert sich hierbei in einer Abnahme der Periodizität der KKF und damit des Korrelationskoeffizienten $\varrho_{12}(\tau)$ (s. Bild 3.4). Diese Fehlschätzung bei niedrigen Geschwindigkeitsbereichen vergrößert sich auf Nebenstrecken, da Niedriggeschwindigkeitssituationen in Bahnstationen, engen Kurven und Zwischenhalten gehäuft auftreten. Neben der Vergrößerung der Positionsabweichung hat die Ungenauigkeit bei niedrigen Geschwindigkeiten negative Auswirkung auf die Mustererkennung. Grundlage für diese bilden Signale, die mit Hilfe der Geschwindigkeitsschätzung in den Ortsbereich transformiert werden. Eine ungenaue Geschwindigkeitsangabe wirkt sich hier besonders stark aus, da die interessierenden Weichenbereiche mit niedriger Geschwindigkeit sowie in Anfahr- und Bremsmanövern passiert werden.

Um eine präzisere Ermittlung der Distanz zu ermöglichen, wurde im Rahmen dieser Arbeit mit der Präsignalentzerrung (PSE) ein Algorithmus zur Verbesserung der Geschwindigkeitsschätzung für hohe relative Geschwindigkeitsänderungen entworfen [Strauss 2009; Strauss u. a. 2009]. Kern der Schätzung ist die modellbasierte Entzerrung der Eingangssignale $s_1(t)$ und $s_2(t)$ durch eine Neuabtastung des Signals mit dem Entzerrungsfaktor $x(t)$. Anschließend erfolgt die Schätzung der Geschwindigkeit $\tilde{v}(t)$ mittels Laufzeit-Korrelation aus den entzerrten Signalen $\tilde{s}_1(t)$ und $\tilde{s}_2(t)$. Durch die Verwendung digitalisierter Signale ergeben sich Quantisierungsfehler, deren Einfluss auf die KKF untersucht und durch eine Parabelinterpolation verringert wird. Danach werden die Geschwindigkeitswerte $\tilde{v}(t)$ als Beobachtungen in einem *Kalman-Filter* (s. beispielsweise [Welch u. Bishop 2001] und Anhang A.2.3) verarbeitet. Dieser verbessert zusätzlich die Schätzung bei niedrigen Geschwindigkeiten durch die Verwendung eines Systemmodells. Mit dem Zustandsvektor $x(t) = [d(t), v(t), a(t)]^{\mathrm{T}}$ und der Kovarianz des Filters stehen schließlich Schätzungen der zurückgelegten Distanz $\hat{d}(t)$, der Geschwindigkeit $\hat{v}(t)$ und der Beschleunigung $\hat{a}(t)$ mit der jeweiligen Varianz zur Verfügung. Eine Ausfalldetektion der vorgenommenen Signalentzerrung erfolgt durch den Vergleich von $\hat{a}$ und $\tilde{a}$, die aus $x(t)$ und $\tilde{v}(t)$ berechnet werden. Der Ablauf der Geschwindigkeitsschätzung ist in dem Blockdiagramm in Bild 3.2 dargestellt. Die detaillierte Beschreibung des Algorithmus erfolgt in den folgenden Unterkapiteln.

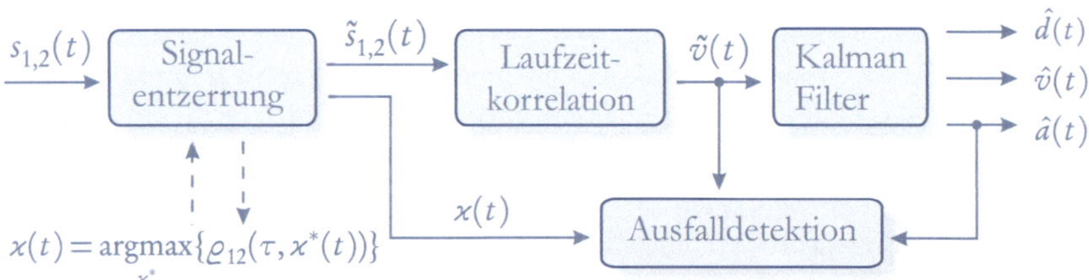

Bild 3.2: Ablaufdiagramm der Geschwindigkeitsschätzung mit Präsignalentzerrung. Die Bestimmung des Entzerrungsfaktors $x(t)$ erfolgt durch Maximierung von $\varrho_{12}(\tau, x^*(t))$. Die Geschwindigkeitsschätzung $\tilde{v}(t)$ der Laufzeitkorrelation wird im anschließenden Kalman-Filterschritt geglättet, die mit der Entzerrung abgeschätzte Beschleunigung $\tilde{a}(t)$ wird mit der im Filter geschätzten Beschleunigung $\hat{a}(t)$ abgeglichen.

3.2.1 Signalentzerrung durch modellbasierte adaptive Neuabtastung

Die hohen relativen Beschleunigungen führen bei langsamer Fahrt zu einer hohen Abweichung der durch die KKF bestimmten Geschwindigkeit. Die Ursache liegt in der Dehnung und Stauchung des Schwellensignals innerhalb des Korrelationsmittelungsintervalls der Länge T_M. Abhilfe schafft die Neuabtastung des Signals unter Annahme einer konstanten Beschleunigung. Das entwickelte Vorgehen ist konzeptuell vergleichbar mit sog. *warping Algorithmen*. Diese werden erfolgreich für einen Referenzmustervergleich in der Sprachsignalverarbeitung (*Dynamic time Warping (DTW)* [Wendemuth u. a. 2004]) und leicht abgewandelt in der Gaschromatographie verwendet (*Correlation Optimized Warping (COW)* [Tomasi u. a. 2004]). Während diese Verfahren die Signaldistanz durch das Verzerren eines Signales relativ zu dem Bezugssignal minimieren, liegt der adaptiven Neuabtastung ein auf Beschleunigung basierender, physikalischer Modellierungsansatz zu Grunde, der auf beide Signale $s_1(t)$ und $s_2(t)$ angewandt wird. Um die Notation kompakt zu halten, wird in den folgenden Gleichungen stets nur ein Signal $s(t) = s_1(t)$ vor dem Entzerren, bzw. $\tilde{s}(t)$ nach dem Entzerren, betrachtet.

In den folgenden Absätzen erfolgt die Herleitung des beschränkt parametrierbaren Entzerrungsfaktors $\varkappa(t)$. Die Zeitabhängigkeit der Parameter wird bei der Herleitung vernachlässigt. Die Signale liegen für die Betrachtung abgetastet vor, die Abtastzeit ist T_S. Ziel ist die Entzerrung ohne *a priori* Wissen über die Beschleunigung. Während die Geschwindigkeit $\tilde{v}(t)$ durch Laufzeitkorrelation bestimmt wird, folgt die Berechnung der Beschleunigung $\tilde{a}(t)$ aus $\tilde{v}(t)$ und $\varkappa(t)$. Mit v_0 als interpolierte Intervallstartgeschwindigkeit gilt für die im Intervall T_M zurückgelegte Distanz d_{T_M}

$$d_{T_M} = \int\limits_0^{T_M} v(t)\,\mathrm{d}t = \int\limits_0^{T_M} [v_0 + a \cdot t]\,\mathrm{d}t = v_0 \cdot T_M + \frac{1}{2} a \cdot T_M^2. \tag{3.6}$$

Trifft man die Annahme, dass sich durch die Neuabtastung der tatsächlich zurückgelegte Weg nicht ändert, folgt, dass die Distanz d_{T_M} vor und $\tilde{d}_{T_M}$ nach der Neuabtastung gleich sind. Es gilt mit der Sequenzlänge N

$$d_{T_M} = v_m \cdot N \cdot T_S \overset{!}{=} \tilde{d}_{T_M} = v_0 \cdot N \cdot T_S + \frac{1}{2}\, a\, (N \cdot T_S)^2. \tag{3.7}$$

Daraus folgt für die mittlere Geschwindigkeit v_m die Randbedingung

$$v_{\mathrm{m}} = v_0 + \frac{1}{2}a \cdot N \cdot T_{\mathrm{S}}. \tag{3.8}$$

Unter dieser Voraussetzung wird ein Abtastwert n_{o} des Originalsignals einem Abtastwert des neuen Signals n_{i} zugeordnet, und es gilt mit Gleichung 3.7

$$n_{\mathrm{o}}^2 + 2\frac{v_0}{a\,T_{\mathrm{S}}}\,n_{\mathrm{o}} - 2\frac{v_0}{a\,T_{\mathrm{S}}}\,n_{\mathrm{i}} - N\,n_{\mathrm{i}} = 0. \tag{3.9}$$

Die Lösung dieser Gleichung ist durch

$$n_{\mathrm{o}} = -\frac{v_0}{a\cdot T_{\mathrm{S}}} \pm \sqrt{\left(\frac{v_0}{a\cdot T_{\mathrm{S}}}\right)^2 + 2\frac{v_0}{a\cdot T_{\mathrm{S}}}n_{\mathrm{i}} + N\cdot n_{\mathrm{i}}} \tag{3.10}$$

gegeben. Definiert man die Hilfsvariable

$$\zeta := \frac{v_0}{a\cdot T_{\mathrm{S}}} \tag{3.11}$$

als *Entzerrungsfaktor*, muss für eine reellwertige Lösung $\zeta \in (-\infty, -N] \cup [0, \infty)$ gelten. Die Auswirkung von ζ auf das Signal ist in Bild 3.3 verdeutlicht. Durch die Substitution mit ζ wird Gleichung 3.10 zu

$$n_{\mathrm{o}} = -\zeta + \zeta\sqrt{1 + \frac{2n_{\mathrm{i}}}{\zeta} + \frac{N\cdot n_{\mathrm{i}}}{\zeta^2}} \tag{3.12}$$

weiter umgeformt. Der Definitionsbereich von ζ ist für die interessierenden kleinen Beschleunigungen gegen Null unbeschränkt und daher nicht praktikabel. Die Implementierung mit anschließendem Tracking der Beschleunigung wird durch eine alternative Parametrierung mit der Variable x erreicht. Diese Umformulierung erfolgt mit bekanntem Entzerrungsfaktor ζ, durch den die maximale Verzerrung $|\Delta n| = |n_{\mathrm{i}} - n_{\mathrm{o}}|$ mit der Formel

$$0 \overset{!}{=} \frac{d(n_{\mathrm{o}} - n_{\mathrm{i}})}{d\,n_{\mathrm{i}}} = \frac{\zeta\left(\frac{2}{\zeta} + \frac{N}{\zeta^2}\right)}{2\sqrt{1 + \frac{2n_{\mathrm{i}}}{\zeta} + \frac{N\,n_{\mathrm{i}}}{\zeta^2}}} - 1 \tag{3.13}$$

berechnet werden kann. Die Extremwerte des neu abgetasteten Signals n_{i} ergeben sich damit zu

$$n_{\mathrm{i,max}} = \frac{N(4\zeta + N)}{4(2\zeta + N)}, \tag{3.14}$$

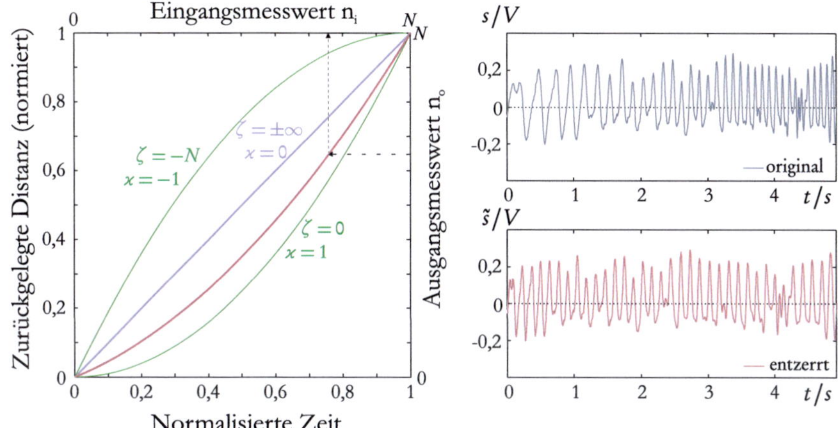

Bild 3.3: Das linke Bild zeigt den Signalraum für das Resampling als Funktion von Eingangs- zu Ausgangsmesswert für exemplarische Werte von ζ bzw. x. Grüne Linien zeigen die Verzerrungsgrenzen. Die eingezeichenten Signalpfade entsprechen dem Originalsignal $s(t)$ (blau) und dem entzerrten Signal $\tilde{s}(t)$ (rot) [Strauss 2009].

die des Originalsignals n_o analog zu

$$n_o(n_{i,\max}) = -\zeta + \zeta\sqrt{\frac{(2\zeta+N)^2}{4\zeta^2}} = -\zeta + \zeta\left|\frac{2\zeta+N}{2\zeta}\right|. \tag{3.15}$$

Unter Ausnutzung des Definitionsbereiches von ζ ist die rechte Seite dieser Gleichung immer größer null und es gilt

$$n_o(n_{i,\max}) = \frac{N}{2}. \tag{3.16}$$

Hieraus folgt der maximale Entzerrungsfaktor

$$\Delta n = n_o(n_{i,\max}) - n_{i,\max} = \frac{N}{2} - \frac{N(4\zeta+N)}{4(2\zeta+N)} = \frac{N^2}{4(2\zeta+N)}. \tag{3.17}$$

Mit Gleichung 3.11 gilt für alle möglichen ζ, $\Delta n \in [-\frac{N}{4}, \frac{N}{4}]$. Somit kann der Parameter x mit

$$x := \frac{4\,\Delta n}{N} = \frac{N}{2\zeta+N} \tag{3.18}$$

definiert werden. Der so definierte Entzerrungsfaktor weist einen beschränkten Wertebereich mit $x \in [-1,1]$ auf und kann für die direkte Berechnung von ζ in Gleichung 3.18 mit

$$\zeta = \frac{1-x}{2\,x}\,N \tag{3.19}$$

genutzt werden. Schließlich ergibt sich folgende stückweise Definition für die

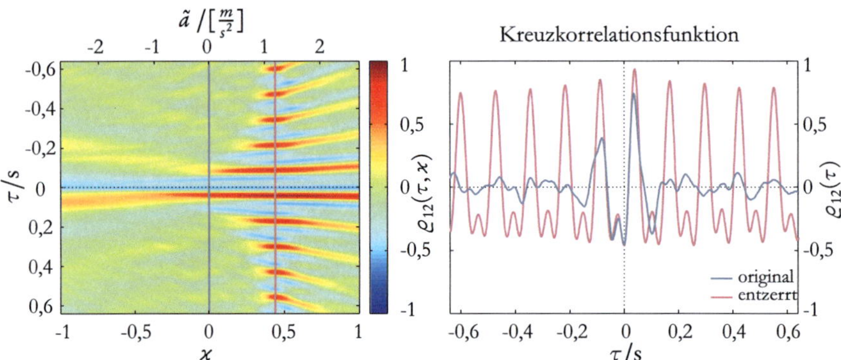

Bild 3.4: Zusammenhang von Kreuzkorrelationskoeffizient $\varrho_{12}(\tau)$, Beschleunigung $\tilde{a}$, Laufzeit τ und Entzerrungsfaktor x für einen festen Zeitpunkt t. Das rechte Bild zeigt zwei resultierende KKFs für die im linken Bild eingezeichneten Werte von x. [Strauss u. a. 2009]

Signalverzerrung:

$$n_{\mathrm{o}}(n_{\mathrm{i}}) = \begin{cases} \sqrt{N\,n_{\mathrm{i}}} & \text{für } x = 1 \\ n_{\mathrm{i}} & \text{für } x = 0 \\ -\dfrac{v_0}{a\cdot T_{\mathrm{S}}} + \dfrac{v_0}{a\cdot T_{\mathrm{S}}}\sqrt{1 + \dfrac{2n_{\mathrm{i}}\,a\,T_{\mathrm{S}}}{v_0} + \dfrac{N\,n_{\mathrm{i}}\,a^2\,T_{\mathrm{S}}^2}{v_0^2}} & \text{für } x \in [-1,1)\backslash 0 \end{cases} \tag{3.20}$$

Die Auswirkung der Transformation auf die KKF ist in Bild 3.4 verdeutlicht. Die Bestimmung des besten $x(t)$ erfolgt durch die Berechnung äquidistanter Werte in einem Suchintervall um die vermutete Beschleunigung, die anschließende Maximierung von $\varrho_{12}(\tau, x(t))$ wird durch eine Parabelinterpolation ergänzt um Diskretisierungsfehler zu minimieren.

Nach der Signalentzerrung erfolgt durch die Korrelation der Signale $\tilde{s}_1(t)$ und $\tilde{s}_2(t)$ die Bestimmung der Geschwindigkeit $\tilde{v}(t)$, mit der die Beschleunigung $\tilde{a}(t)$

im betrachteten Korrelationsintervall mit

$$\tilde{a}(t) = \frac{2\,x(t)\cdot\tilde{v}(t)}{N\cdot T_S}. \tag{3.21}$$

berechnet wird.

3.2.2 Laufzeitkorrelation mit Parabelinterpolation

Die softwareseitige Realisierung der Laufzeitkorrelation erfordert die Diskretisierung des zu korrelierenden Signals. Für das mit der Abtastfrequenz f_S diskretisierte Signal $s[k]$ wird Gleichung 3.3 zu

$$\hat{\varrho}_{12}[k] = \frac{\displaystyle\sum_{n=1}^{N} s_1[n-k]\cdot s_2[n]}{\sqrt{\displaystyle\sum_{n=1}^{N} s_1^2[n-k]\cdot \sum_{n=1}^{N} s_2^2[n]}}. \tag{3.22}$$

Die Unsicherheit in ϱ ist das Ergebnis der Approximation der KKF durch eine diskrete und endliche Sequenz der Länge $N = T\cdot f_S$. Für die durch das Maximum $\hat{\varrho}_{12}[k]$ bestimmte Laufzeit $\hat{\tau}_{\max}$ gilt somit

$$\hat{\tau}_{\max} = \frac{k_{\max}}{f_S}, \quad \text{mit } k_{\max} = \arg\max_{k}\{\hat{\varrho}_{12}[k]\}. \tag{3.23}$$

Die geschätzte Geschwindigkeit $\tilde{v}(t)$ wird dann durch die Gleichung

$$\tilde{v}(t) = \frac{l}{\tau_{\max}} = \frac{l\cdot f_S}{k_{\max}} \tag{3.24}$$

bestimmt. Dadurch ergibt sich bei einem maximalen Diskretisierungsfehler $\Delta k = \frac{1}{2}$ ein Fehler

$$\Delta v = \frac{\partial v}{\partial k_{\max}}\Delta k = -\frac{l\cdot f_S}{2k_{\max}^2} = -\frac{v^2}{2l\cdot f_S}. \tag{3.25}$$

Dieser Fehler kann durch Schätzung des KKF-Maximums $\hat{k}_{\max}$ mittels einer Parabelinterpolation deutlich verringert und bei Einhaltung einer Mindestabtastfrequenz weitestgehend von dieser entkoppelt werden. Bild 3.5 zeigt den maximalen Geschwindigkeitsfehler unter Annahme einer Fahrzeuggeschwindigkeit von $25\frac{m}{s}$[1].

---

[1]Diese Geschwindigkeit entspricht der mit den in dieser Arbeit zur Verfügung stehenden Strecken und Fahrzeugen erreichbaren Höchstgeschwindigkeit.

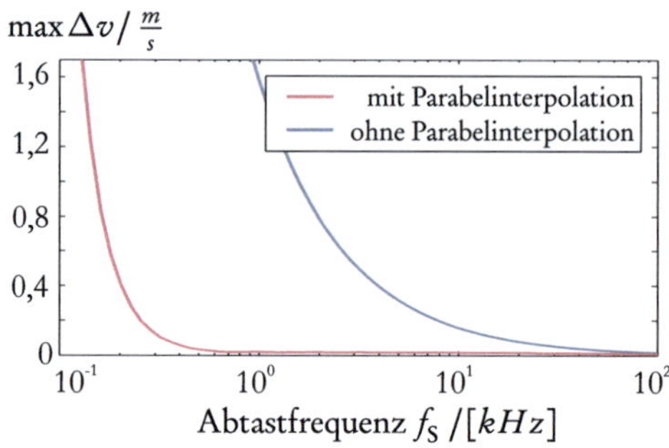

Bild 3.5: Maximaler Geschwindigkeitsfehler Δv bei $25\frac{m}{s}$ in Abhängigkeit der Abtastfrequenz. [Strauss 2009]

3.2.3 Kalman-Filter und Ausfalldetektion

Durch die Signalentzerrung ist es bereits möglich, eine verbesserte Geschwindigkeitsinformation $\tilde{v}(t)$ mit der Laufzeitkorrelation, auch in niedrigen Geschwindigkeitsbereichen, zu erhalten. Die anschließende Filterung der Messwerte in einem Kalman-Filter erlaubt eine weitere Verbesserung der Schätzwerte, die durch die Verwendung eines physikalischen Systemmodells konstanter Beschleunigung erreicht wird. Zusätzlich werden durch den verwendeten Zustandsvektor $x(t)$ ein Schätzwert für die zurückgelegte Distanz $\hat{d}(t)$ und die durch das Systemmodell gestützte Beschleunigung $\hat{a}(t)$ sowie die dazugehörigen Kovarianzen berechnet. Das Filter benötigt als Eingangsgröße die Varianz der Geschwindigkeitsschätzung $\tilde{v}(t)$. Diese wird über die relative Varianz der Laufzeit analog [Engelberg 2001] mit

$$\frac{\sigma_{\hat{v}}}{v} \approx \frac{\sigma_{\hat{T}}}{T} \propto \frac{1-R_{12}^2(T)}{\sqrt{f_x \cdot v \cdot T_M}} \quad \text{mit} \quad R_{12}(T) = \frac{\pi}{2}\arcsin\varrho_{12}(T). \tag{3.26}$$

approximiert. Das gleichzeitige Vorliegen der Beschleunigungen $\tilde{a}(t)$ aus der Entzerrung und $\hat{a}(t)$ aus dem Kalman-Filter ermöglichen eine Ausfalldetektion der Signalentzerrung auf Basis der erhaltenen Schätzwerte. Auf diese Weise können Ausreißer oder eine mangelhafte Signalgüte erkannt und die Messungen entsprechend beurteilt werden.

3.2.4 Experimentelle Ergebnisse der Präsignalentzerrung

In Bild 3.6 sind exemplarische Ergebnisse mit experimentell gewonnenen Daten dargestellt, die den Einfluss der Signalentzerrung detailliert darstellen. In der oberen Bildhälfte sind die Kreuzkorrelationskoeffizienten vor und nach der Entzerrung dargestellt. Die untere Hälfte zeigt die aus dem entzerrten Signal gewon-

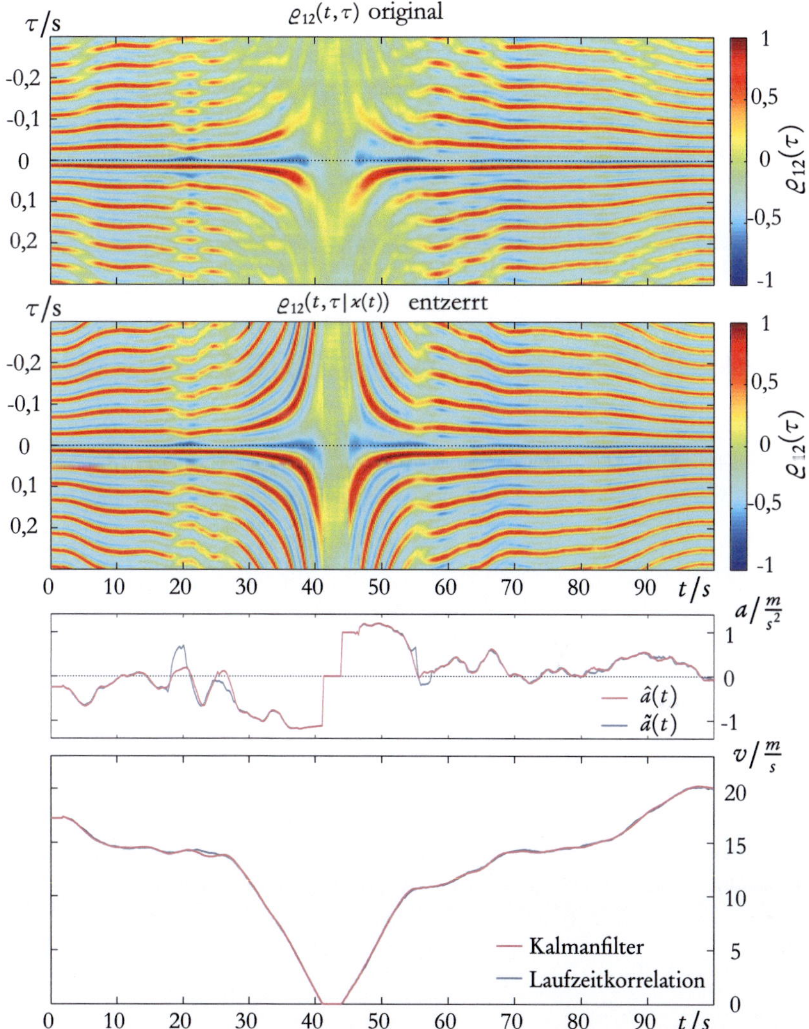

Bild 3.6: Einfluss der Signalentzerrung auf $\varrho_{12}(t,\tau)$ und exemplarische Ergebnisse für die Beschleunigungs- $\tilde{a}(t)$ und Geschwindigkeitsschätzung $\tilde{v}(t)$ der Laufzeitkorrelation (blau) und der anschließenden Schätzung des Kalman-Filters $\hat{a}(t)$ und $\hat{v}(t)$ in (rot) [Strauss u. a. 2009].

nenen Geschwindigkeits- und Beschleunigungsschätzungen der Laufzeitkorrelation und die korrespondierenden Schätzungen des Kalman-Filters. Das Bild verdeutlicht die Unterschiede in der Schätzung von $\tilde{a}(t)$ und $\hat{a}(t)$ in Bereichen mit geringer Periodizität der KKF (Sekunde 20 und 55). Durch die modellbasierte Filterung wird eine Geschwindigkeitsbestimmung bis zum Stillstand ermöglicht (Sekunde 42). Die obere Hälfte des Bildes zeigt, dass die Korrelation der nicht entzerrten Signale bereits ab 3 $\frac{m}{s}$ einen deutlichen Abfall von $\varrho_{12}(\tau)$ zeigen, während die Präsignalentzerrung eine verlässliche Geschwindigkeitsbestimmung bis ca. 0,5 $\frac{m}{s}$ erlaubt, so dass die anschließende Erkennung des Stillstandes über die Zustandsprädiktion erfolgen kann[2].

Das vorgestellte Verfahren wurde auf Basis identischer Eingangssignale gegenüber dem in der Inneneinheit realisierten Closed-Loop-Correlator (CLC) verglichen. Bild 3.7 zeigt die Verbesserungen der Geschwindigkeitsschätzung bei niedrigen Geschwindigkeiten. Die in der CLC-Geschwindigkeit auftretenden

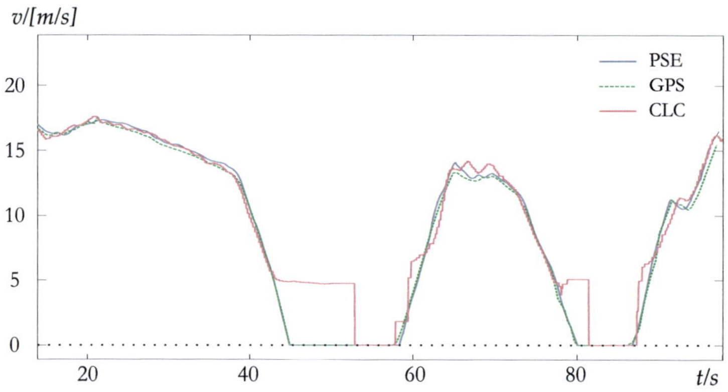

Bild 3.7: Verbesserung der Geschwindigkeitsschätzung durch die vorgestellte Präsignalentzerrung (blau) bei niedrigen Geschwindigkeiten und Haltemanövern. Die Laufzeitkorrelationsschätzung der Inneneinheit (CLC) ist in rot gezeigt. Die Schätzungen beider Verfahren beruhen auf den gleichen Rohsignalen, eine Vergleichsmessung basierend auf GPS-Messungen ist grün gestrichelt dargestellt.

Sprünge und Signaleinbrüche werden durch Verwendung der Präsignalentzer-

---

[2]Für die technische Realisierung wird die Annahme getroffen, dass für $\hat{v}(t) \leq 0$ ein Zughalt stattfindet und die Weiterfahrt erst mit dem Vorliegen neuer Messungen erfolgt, was zu einer kurzen Verzögerung in der Größe von 0,5 Sekunden führt (s. Bild 3.7 bei Sekunde 58). Die Umsetzung wird mit einem endlichen Zustandsautomaten erreicht [Kohavi u. Jha 2009], der ein Umschalten zwischen verschiedenen Betriebsmodi erlaubt.

rung (PSE) vermieden. Eine weitere Untersuchung des Verfahrens erfolgt durch Vergleich von CLC und Präsignalentzerrung gegenüber einem Mikrowellenradarsensor als zertifiziertem dritten Sensor. Das Messprinzip des Radars vom Typ *Deuta DRS 05S1* basiert auf dem Dopplereffekt [Schnieder u. a. 2009]. Der Auswertung lagen Messfahrten mit rund 18 km Länge zugrunde. Tabelle 3.1 vergleicht die gemessene Geschwindigkeit mit den geschätzten Ergebnissen des Closed-Loop-Correlators und der vorgestellten Schätzung mit Präsignalentzerrung für vier exemplarische Fahrten. Angegeben ist jeweils der mittlere quadratische Fehler e^2 gegenüber dem Referenzsensor, die dazugehörige empirische Standardabweichung $\hat{\sigma}_{e^2}$ und die relative Abweichung der Wegmessung gegenüber dem Referenzsensor. Die Genauigkeit des Referenzsensors ist nach Eisenbahnrichtlinien zertifiziert. Die Standardabweichung der Geschwindigkeitsmessung beträgt 1,2 $\frac{m}{s}$ bis zu der Geschwindigkeit 30 $\frac{m}{s}$ und liegt messprinzipbedingt bei 0,4% für höhere Geschwindigkeiten. Die für eine Lokalisierung relevante Distanzmessung wird durch die Reproduzierbarkeit der Wegmessung mit dem Betrag der relativen Messabweichung von maximal 0,2% angegeben. Die vorge-

Tabelle 3.1: Vergleich von CLC und PSE gegenüber einem Radarreferenzsensor (DRS 05S1).

	Fahrt 1	Fahrt 2	Fahrt 3	Fahrt 4
CLC e^2	0,62	2,90	1,85	10,02
CLC $\hat{\sigma}_{e^2}$	2,04	16,26	7,83	33,65
PSE e^2	0,10	0,16	0,09	0,09
PSE $\hat{\sigma}_{e^2}$	0,62	0,98	0,35	0,41
Distanz DRS 05S1 in m	18281,87	18603,31	18320,71	18221,68
rel. Abw. CLC in %	4,86	0,89	1,77	7,23
rel. Abw. PSE in %	0,14	0,31	0,007	0,13

stellte Präsignalentzerrung weist einen im Mittel um den Faktor 35 reduzierten quadratischen Fehler und eine um den Faktor 25 geringere Standardabweichung, bezogen auf die Messfahrten, auf. Die relative Abweichung für die Distanzmessung liegt für den CLC um den Faktor 6,35 über der Abweichung der PSE.

Die durch das Kalman-Filter geschätzten Geschwindigkeit und Varianz wurden in Testfahrten mit den Messungen und Schätzungen eines integrierten Navigationssystems (INS) verglichen. Die Ergebnisse sind in Bild 3.8 gezeigt. Die höhere Standardabweichung des INS bei Sekunde 300 und 350 ist auf Abschattungen und Mehrwegpfade des GPS auf der Teststrecke zurückzuführen [Böhringer 2008], während die Varianz der Präsignalentzerrung in Bereichen niedriger Geschwindigkeit (Sekunde 220) und gestörten WSS-Signalen, sichtbar bei Sekunde 420,

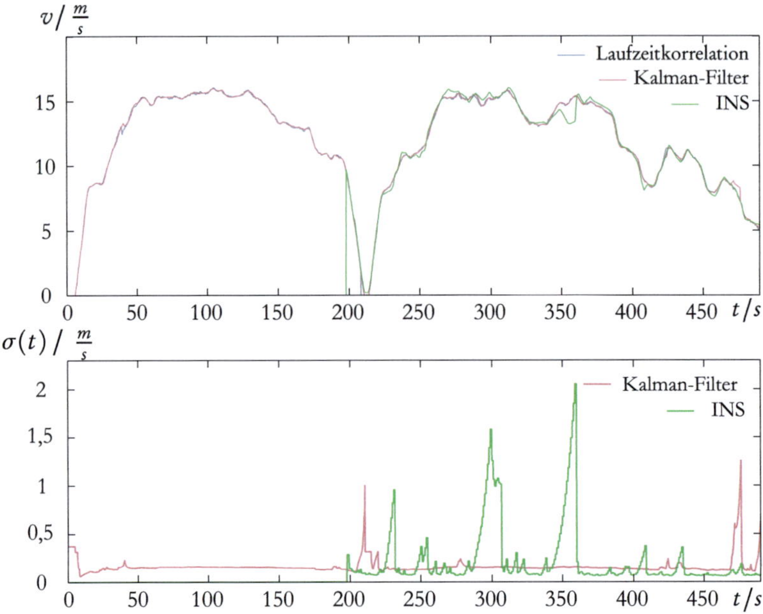

Bild 3.8: Vergleich verschiedener Geschwindigkeitsschätzungen. Die Messungen liegen für zwei Anfahrmanöver und einer Dauer von 480 Sekunden vor, für das des INS für 200 Sekunden. In blau ist die Schätzung $\tilde{v}$ der entzerrten Laufzeitkorrelation gezeigt, die Schätzung $\hat{v}$ des Kalman-Filters in rot [Strauss 2009].

steigt. Die Ergebnisse zeigen deutlich die Leistungsfähigkeit des vorgestellten Algorithmus, der es ermöglicht auf alleiniger Basis der WSS-Signale eine verlässliche Geschwindigkeitsschätzung – gerade auch in für die Satellitennavigation schwierigen oder unmöglichen Bereichen (z. B. Tunnels) – zu erhalten.

3.3   Ereignisbezogene Distanzmessung

Bereits in den Arbeiten [Engelberg u. a. 2000] und [Engelberg 2001] wird die Möglichkeit der Geschwindigkeitsschätzung durch Zählen von Ereignissen, die im Wesentlichen Schwellenbefestigungen darstellen, untersucht. Ein ähnlicher Ansatz wird in [Geistler 2007] verfolgt, mit dem Ziel durch Ermittlung der Ereignisfrequenz in einem gegebenen Signalausschnitt die Geschwindigkeit zu schätzen. Mit den vorgestellten Verfahren ist es allerdings nicht möglich, ein robustes Ergebnis bei niedrigen Geschwindigkeiten oder der Passage von Weichen zu ermitteln. Dadurch kommt es außerhalb kontrollierter Versuchsumgebungen zu einer hohen Varianz des Zählergebnisses, v. a. in Bahnhofsbereichen. Es wird daher ausschließlich die Schwellenanzahl auf offenem Gleis ermittelt, um anschließend unter Nutzung eines approximierten Ereignisabstandes die Vergleichbarkeit mit der metrischen Wegmessung zu realisieren.

Die Lokalisierung kann allerdings direkt mit der Zählinformation c durchgeführt werden. Das Ergebnis spiegelt dann eine relative Position gegenüber festzulegenden Punkten wider. Diese Positionsangabe in einem diskreten Schwellenmaß ist für dispositive Aufgaben oder Fahrgastinformationen bereits ausreichend. Das korrekte Erfassen von Ereignissen mit dem WSS ist prinzipbedingt besonders bei Halte- und Anfahrmanövern sowie in Streckenbereichen mit vielen Weichen oder sonstigen ausgedehnten Infrastrukturbauteilen (z. B. Fangschienen) erschwert. Für die Veranschaulichung der Störeinflüsse sind zwei Beispielsignale in Bild 3.9 dargestellt, die die Schwierigkeit der Ereigniserfassung in Weichenbereichen und bei den niedrigen Geschwindigkeiten direkt vor und nach einem Fahrzeughalt aufzeigen. In dieser Arbeit wird ein Verfahren vorge-

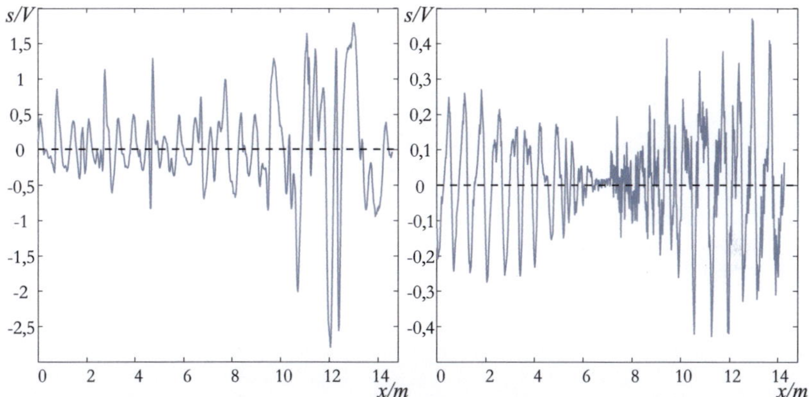

Bild 3.9: Beispielsignalausschnitte $s(x)$ für die Fahrt in Weichenbereichen (links) und Haltemanöver mit anschließender Weiterfahrt (rechts).

stellt, das auch in schwierigen Situationen eine für die Lokalisierung ausreichende Wiederholgenauigkeit des Zählergebnisses liefert.

Grundlage bilden die Ortssignale $s_1(x)$ und $s_2(x)$, die unter der Verwendung der Geschwindigkeitsschätzung $\hat{v}(t)$ berechnet werden. Es soll im Folgenden jeweils nur ein Signal $s(x) = s_1(x)$ betrachtet werden. In dem transformierten Ortssignal wird ausgenutzt, dass die im Signal auftretenden Ereignisse in zu betrachtenden Streckenabschnitten i. a. in nahezu gleichem Abstand auftreten[3]. Da die Ereignisse nicht ausschließlich durch Schwellen repräsentiert werden, sondern auch durch Signalkabel und andere Gleisbauteile verursacht werden können, kann der Abstand variieren, ist aber über einen größeren Mittelungsbereich nahezu konstant. Für die in der Arbeit zur Datengewinnung genutzte Albtalstrecke (ca. 18 km offenes Gleis) wurde der empirische Schwellenabstand in $s(x)$ zu $\overline{d}_{cl} = 65{,}08$ cm sowie die empirische Standardabweichung zu $\hat{\sigma}_{cl} = 4{,}32$ cm bestimmt. Unter Kenntnis dieses Abstandes wird zunächst ein Tiefpassfilter für $s(x)$ entworfen, welches das Signal glättet und hochfrequente Störanteile unterdrückt. Anschließend erfolgt das Zählen der Schwellen in dem gefilterten Signal $s_F(x)$, indem jeder zweite Nulldurchgang oder die Wendepunkte der absteigenden Flanke eines Schwellensignals gesucht werden. Das Ortssignal erlaubt auf Basis der ermittelten Ereignisstatistik eine Rückweisung detektierter Ereignisse als Ausreißer. Anschließend werden die Schwellwerte für eine Rückweisung mit Hilfe der Schätzungen $\overline{d}_{cl}$, $\hat{\sigma}_{cl}$ sowie dem aktuell gemessenen Abstand $\tilde{d}_{cl}$ bestimmt. Ein Schwellenereignis wird zurückgewiesen, wenn das normalisierte Residuum

$$d_0 = \frac{|\tilde{d}_{cl} - \overline{d}_{cl}|}{\hat{\sigma}_{cl}} \qquad (3.27)$$

größer einem Schwellwert z ist. Gängige Werte für die Rückweisung von Messwerten als Ausreißer werden in der Literatur mit $z = 3$ angegeben [Rousseeuw u. Leroy 2003; Huber u. Ronchetti 2009]. Mit Verwendung der Signalwendepunkte für die Ereignisdetektion ergibt sich damit für den Algorithmus das in Bild 3.10 dargestellte Ablaufdiagramm für die Schätzung der aktuellen Ereigniszahl $\hat{c}$. Die Ereignisschätzung mit Hilfe der Wendepunkte wird verwendet, da

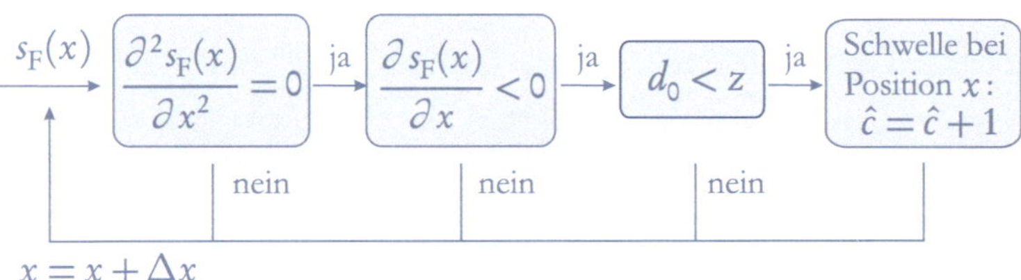

Bild 3.10: Schematisches Ablaufdiagramm des Schwellenzählalgorithmus.

in einer empirischen Untersuchung auf großer Datenbasis in [Denoix 2009] eine kleinere Varianz gegenüber der Verwendung von Nulldurchgängen aufgezeigt

---

[3]Die Abstände variieren naturgemäß zwischen Hochgeschwindigkeitsstrecken mit maschinell verlegten Gleisen und Nebenstrecken mit einer höheren Varianz.

werden konnte. Während sich auf offenem Gleis die Schätzergebnisse gleichen, tritt die höhere Effizienz des Wendepunktverfahrens vor allem bei Überfahrung von Schieneninfrastruktur zu Tage. Weichen oder sonstige Störungen im Signal verursachen in dieser Situation Zwischenausschläge im Signal, deren Pegel in einzelnen Befahrungen über der Nulllinie liegen können. Exemplarische Ergebnisse des Zählalgorithmus für experimentell gewonnene Signale sind in Bild 3.11 dargestellt. Der betrachtete Signalausschnitt zeigt die Vorteile des vorgestellten Verfahrens zum Vergleich mit einem gewöhnlichen Nulldurchgangszählverfahren ohne Rückweisung, trotz des stark verrauschten Signals eine deutlich plausiblere Schwellenzahl zu bestimmen. Für die Lokalisierung ist die Wiederholgenauig-

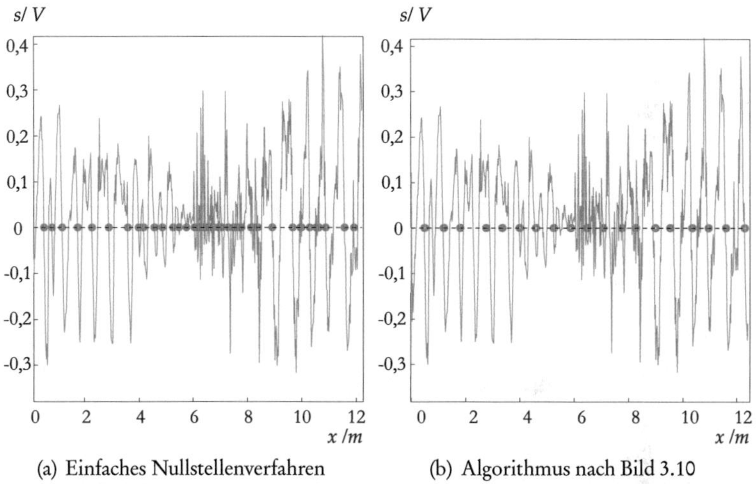

(a) Einfaches Nullstellenverfahren　　　　　(b) Algorithmus nach Bild 3.10

Bild 3.11: Vergleich der Zählergebnisse eines einfachen Nulldurchgangsratenzählers ($\hat{n} = 58$) und der Erweiterung mit dem beschriebenen Algorithmus ($\hat{n} = 18$) für den Erwartungswert $E\{n\} = 18{,}44$. Detektierte Ereignisse sind jeweils als rote Kreise markiert, beide Verfahren verwenden als Eingang das tiefpassgefilterte Signal $s_F(x)$.

keit der Zählergebnisse entscheidend. Um diese zu überprüfen, wurden Schwellenereignisse aus sieben Befahrungen innerhalb eines Bahnhofes ermittelt. Start- und Endpunkt des Zählvorgangs wurde durch zwei manuell markierte Weichenanfänge vorgegeben. Die Ergebnisse des vorgestellten Zählverfahrens sind in Tabelle 3.2 zusammengefasst und verdeutlichen die hohe Zählwiederholgenauigkeit, unabhängig von den im Bahnhofsbereich verlegten Weichen und auftretenden Haltemanövern. Eine weitere quantitative Auswertung ist abhängig von den verwendeten Landmarken und erfolgt in Kapitel 5.4.1 im Kontext der Lokalisierungsalgorithmen.

Tabelle 3.2: Exemplarische Zählergebnisse innerhalb eines Bahnhofs.

Fahrt	Zughalt vorhanden	$\hat{c}$
1	nein	325
2	ja	322
3	nein	323
4	ja	326
5	ja	324
6	ja	323
7	ja	325

3.4 Zusammenfassung Distanzmessung

In diesem Kapitel wurden zwei Verfahren der Distanzbestimmung für die Lokalisierung vorgestellt.

- Die Distanzmessung mittels Geschwindigkeitsintegration ist ein Standardverfahren, das allerdings das Problem der akkumulierenden Positionsungenauigkeit aufgrund integrativer Drift aufweist. In dem Kapitel wird ein Algorithmus zur präziseren Geschwindigkeitsmessung erarbeitet, mit dem die Drift verringert wird. Die vorgestellte Präsignalentzerrung stellt eine Kombination von Laufzeitkorrelationsverfahren auf entzerrten Signalen und der dynamischen Zustandsschätzung dar. Ergebnisse mit experimentell gewonnenen Daten zeigen die Verbesserung gegenüber der Laufzeitmessung mit einem Closed-Loop-Correlator, der in der gegebenen technischen Realisierung eine nicht ausreichende Präzision für die Lokalisierung erreicht. Ein zusätzlicher Vergleich mit hochgenauen Radardistanzmessungen und einer integrierten Navigationseinheit bestätigen die guten Ergebnisse.

- Alternativ ermöglicht das Wirbelstromsensorsystem die Bestimmung einer diskreten Position basierend auf detektierten Ereignissen, die im Wesentlichen durch Schwellenbefestigungen induziert werden. Es wird ein Verfahren vorgestellt, das auf Basis von Ortssignalen eine robuste Zählinformation auch in jenen Bereichen liefert, in denen Ereignisse messprinzipbedingt nur schwer zu gewinnen sind. Durch die Erkennung von Ausreißern auf Basis eines statistischen Tests zeigen erste Ergebnisse eine hohe Wiederholgenauigkeit und die prinzipielle Eignung des Verfahrens für die Distanzbestimmung.

4 Weichenerkennung

Γνωθι σεαυτον - Erkenne Dich selbst
- Apollontempel, Delphi

Die Lokalisierung von Schienenfahrzeugen auf alleiniger Basis der im vorherigen Kapitel vorgestellten Distanzmessungen hätte aufgrund integrativer Einflüsse oder Zählfehlern unweigerlich eine mit der Zeit anwachsende Positionsabweichung zur Folge, selbst bei Vorliegen einer korrekten Initialisierung. Die angestrebte Lokalisierung erfordert die Bestimmung der Position in einem gegebenen Streckennetz, was neben dem zurückgelegten Weg den Startpunkt und bei Netzverzweigungen die Abbiegeinformation erfordert. Mit dem WSS kann diese zusätzliche Information in Form von erkannten Weichen gewonnen werden. Dies erlaubt zum Einen die Bestimmung der aktuellen Position relativ zu einer Landmarke und zum Anderen die Kompensation integrativer Einflüsse der Distanzschätzung. Eine Realisierung erfordert die Erkennung von Weichen im Signal. Die eingesetzten Methoden werden hierbei durch mehrere Faktoren bestimmt:

- Messprinzip: Der Einsatzort des WSS ist starken Erschütterungen, elektromagnetischen Feldern und Verschmutzung ausgesetzt, was sich durch Störungen auf die Signale auswirkt. Zusätzlich führen die CLC-gekoppelten Hardware-Filter bei fehlerhaften Geschwindigkeitsschätzungen zu Signalverzerrung und Dämpfung.

- Weichenaufbau: Weichen weisen eine hohe Varianz in Typ und Einbausituation (Stellwerk etc.) auf. Sie sind oftmals nahe hintereinander verlegt, was im Signal zu einem nahezu nahtlosen Übergang einzelner Weichen führt.

- Topologische Anforderungen: Die alleinige Detektion von Weichen kann in Verbindung mit einer Karte für die Korrektur driftbehafteter Distanzsensoren genutzt werden. Die Fahrwegverfolgung und gleisgenaue Positionsbestimmung erfordert die zusätzliche Klassifikation detektierter Weichen, um die jeweilige Befahrungsrichtung zu bestimmen.

- Systemanforderungen: Die Erkennung von Weichen hat erheblichen Einfluss auf die Genauigkeit und Zuverlässigkeit der Lokalisierung. Die gewählten Verfahren müssen daher robust, Schritt haltend und überprüfbar sein, die Ergebnisse sollen in Echtzeit zur Verfügung stehen.

In diesem Kapitel wird zunächst der allgemeine Aufbau von Weichen und die Vielfalt ihrer Ausprägungen im WSS-Signal untersucht. Anschließend erfolgt die Erstellung eines Signalmodells und die Identifikation der wichtigsten Fehlereinflüsse, was die Einordnung der Weichenerkennung in die Mustererkennung ermöglicht. Eine gebräuchliche Aufteilung dieser erfolgt in deterministische und stochastische Methoden. Wird eine Klasse direkt durch eine Beispielsequenz repräsentiert, spricht man von Klassifikation durch Mustervergleich bzw. deterministischen Mustererkennern [Duda u. a. 2001]. Eine erste Untersuchung dieses Ansatzes in [Engelberg u. Mesch 2000] verwendet Kreuzkorrelationsverfahren für einen Abgleich mit aufgezeichneten und in den Ortsbereich transformierten Weichensignalen. Die Detektion erfolgt mit Hilfe von Schwellwerten in einem *matched-filter* [Kil u. Shin 1996]. Eine Weiterentwicklung erfolgt in [Geistler u. Böhringer 2004] und [Geistler 2007], indem der Mustervergleich mit dynamischer Zeitverzerrung (*dynamic time warping (DTW)*) [Wendemuth u. a. 2004] durchgeführt wird. Für jede Weiche müssen mehrere Referenzen aufgezeichnet und abgespeichert werden, um unterschiedliche Ausprägungen der einzelnen Befahrungen abzubilden. Die Weichenextraktion erfolgt in einem Signalbereich, der durch zwei Leistungsschwellwerte definiert ist [Geistler u. Böhringer 2006]. Um Bereiche mit niedriger Leistung im Weichenmittelteil zu überbrücken, wird ein „Haltefaktor" integriert, was dazu führt, dass die Trennung räumlich dicht folgender Ereignisse nicht mehr möglich ist. Die Leistungsfähigkeit wurde im Rahmen des Forschungsprojektes *DemoOrt Phase II* untersucht [Schnieder u. a. 2009] und ergab eine Erkennungsrate von 76,75%. Nachteilig für deterministische Verfahren wirkt sich die hohe Variabilität in Typ und individueller Ausführung einzelner Weichen aus. In Kombination mit statistischen Fehlern, die sich durch den Betrieb und Fehler in der Geschwindigkeitsschätzung ergeben, ist eine unvertretbar hohe Menge an Referenzen notwendig. Daher sind die Verfahren bereits in kleinen Arealen mit weniger als einhundert Weichen nicht mehr effizient ausführbar.

Die vorliegende Arbeit verfolgt den Ansatz der statistischen Mustererkennung [Schukat-Talamazzini 1995]. Diese Formulierung ermöglicht die kompakte Speicherung der Weichen als generative stochastische Modelle [Bishop 2006]. Die verwendeten verdeckten Markowmodelle [Ephraim u. Merhav 2002] sind in der Lage, die im Signal enthaltene Information mit Vorwissen über den physikalischen Weichenaufbau zu verknüpfen. In der anschließenden Klassifikation werden die Modelle genutzt, um die Einflüsse der Geschwindigkeitsschätzung, der Sensorrealisierung und Messrauschen zu kompensieren. Durch die Wahl rekursiver Algorithmen wird eine kontinuierliche Erkennung von Weichen in einem Datenstrom ermöglicht. Die statistische Auswertung der Algorithmen erfolgt schließlich mit experimentell gewonnener Daten auf Basis zeitlich ausgedehnter Messfahrten.

4.1 Eisenbahnweichen

4.1.1 Eigenschaften

Die Überfahrt einer Weiche erzeugt ein charakteristisches Signal des WSS, das sich von dem in Kapitel 2 vorgestellten Schwellensignal deutlich unterscheidet. Obwohl es große Unterschiede in Typ und Ausführung gibt [Müller 1991], ist allen Weichen der grundlegende physikalische Aufbau gemein, der sich auf das WSS-Signal auswirkt. Dadurch wird eine Einteilung in Segmente ermöglicht, die

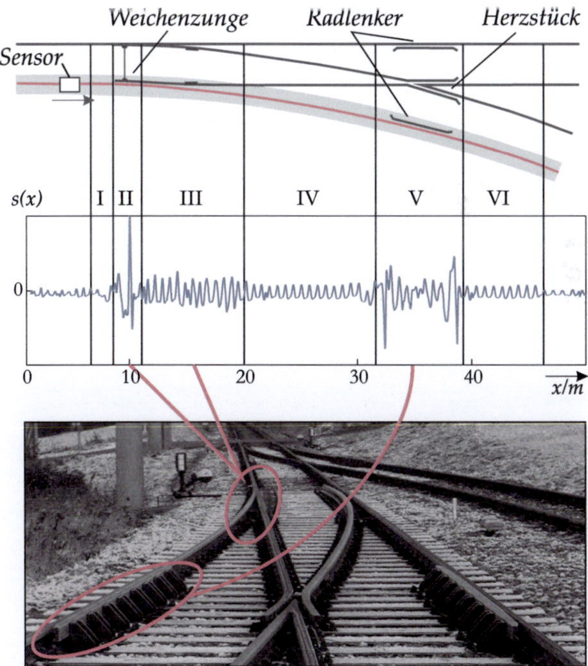

Bild 4.1: Einteilung des Ortssignals $s(x)$ einer Weichenbefahrung „spitz rechts" in charakteristische Segmente. Zusätzlich ist ein Beispielbild einer realen Weiche gezeigt.

in Bild 4.1 schematisch, kombiniert mit einem Beispielsignal und einer tatsächlich verlegten Weiche dargestellt ist. Von besonderem Interesse sind die Hauptbauteile einer Weiche: die Weichenzunge, das Herzstück und der Radlenker. Diese ragen über den Schienenkopf hinaus und weisen im Gegensatz zum Weichenmittelteil eine deutlich höhere Signalamplitude auf. Zwischen den Hauptbauteilen und auf den Radlenker-/Herzstückbereich folgend, liegen Weichenbereiche mit Schwellen, die aufgrund besonderer Befestigungen eine ebenfalls erhöhte Amplitude aufweisen. Das Signal des Zungenbereiches kann nochmals in einen hohen Amplitudenausschlag, ausgelöst durch den Weichenschweißstoß, und einen anschließenden Teil mit gleichmäßig höherer Amplitude eingeteilt werden. Letzterer wird durch den im Zungenbereich installierten Weichenstellmechanismus erzeugt. Eine Weiche kann damit, mit Blick auf die Signalcharakteristik, allgemein in sechs Segmente eingeteilt werden. Das gemessene Signal hängt hierbei von der Einbauposition des WSS ab. Der Sensor ist wie in Bild 4.1 nur an einer, im vorliegenden Fall der rechten, Fahrzeugseite montiert. Daraus ergibt sich eine eindeutige Bauteilabfolge abhängig von der Befahrungsrichtung. Die im Bild gezeigte Befahrung „spitz/rechts", also ein Abbiegen nach rechts von der spitzen Seite kommend, kann entsprechend mit „spitz/links", einem Linksabbiegen bei gleicher Fahrtrichtung, ergänzt werden. Ändert sich die Fahrtrichtung, spricht man von einer Befahrung „stumpf/rechts" beziehungsweise „stumpf/links". Die sich aus diesen Möglichkeiten ergebende Abfolge der Bauteile ist in Bild 4.2 dargestellt. Da sich die überquerten Bauteile direkt auf das

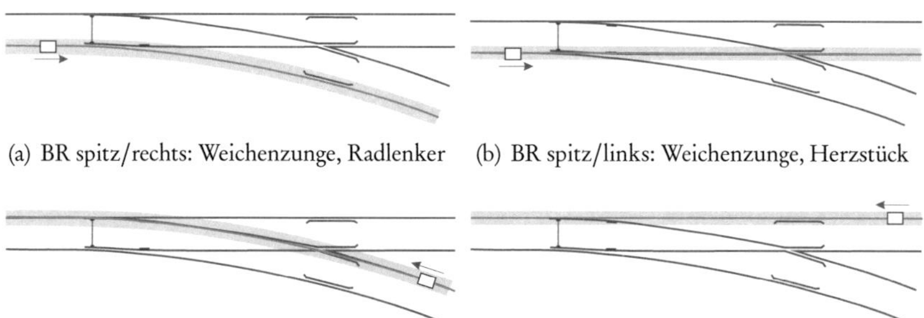

(a) BR spitz/rechts: Weichenzunge, Radlenker   (b) BR spitz/links: Weichenzunge, Herzstück

(c) BR stumpf/rechts: Herzstück, Weichenzunge   (d) BR stumpf/links: Radlenker, Weichenzunge

Bild 4.2: Mögliche Befahrungsrichtungen (BR) einer Weiche mit zugehöriger Bauteilabfolge.

Signal auswirken, kann eine Erkennung der Weichen an Hand dieser erfolgen. Die Ausprägung des Signals ist abhängig von Weichenbauform (Innenbogenweichen etc.), Weichentyp (Länge und Radius der Weiche) und individueller Einbausituation. Letztere ergibt sich durch die Infrastruktur, beispielsweise einem Bahnübergang, oder der Wahl des verwendeten Stellwerkes.

Unabhängig von dieser Einbausituation liegt eine *Intraklassenvarianz* der Bauteile vor, die sich in einer unterschiedlichen Signalform gleicher Weichenbauteile ausdrückt. Während die Abmaße nahezu identisch sind, unterliegen Amplitude und Frequenz individuellen Realisierungen. Beispiele für Ausprägungen realer Bauteile im WSS-Signal sind in Bild 4.3 dargestellt.

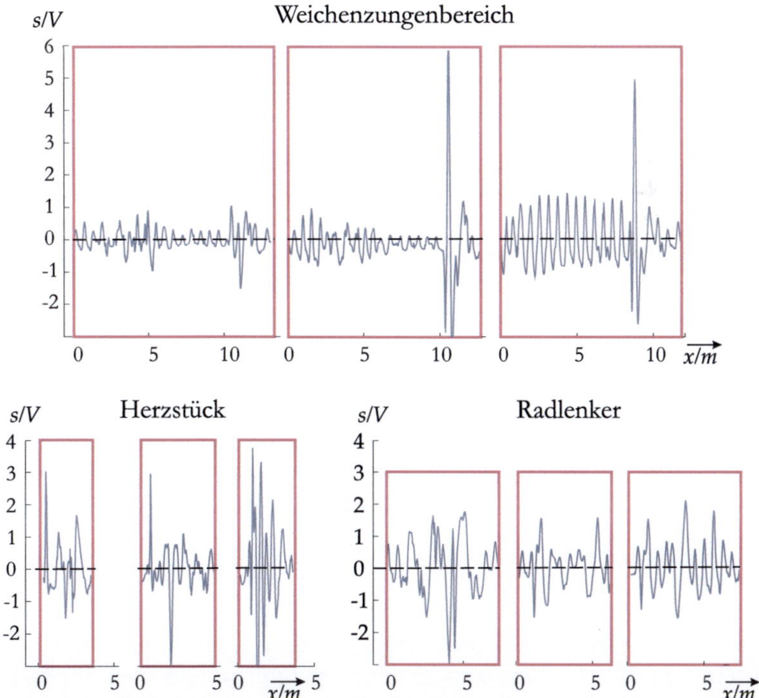

Bild 4.3: Vergleich der Ortssignale dreier Zungenbereiche, dreier Herzstücke und dreier Radlenker.

Diese individuellen Unterschiede können für eine Abgrenzung der einzelnen Weichen zueinander genutzt werden, erschweren aber die Modellierung eines Weichengrundtypes für die jeweilige Befahrungsrichtung. Deshalb ist es nicht immer möglich, einzelnen Signalabschnitten ohne strukturelles Zusatzwissen spezifische Bauteile zuzuordnen. Die für eine Weichenerkennung verfügbare Information der Weichen im Signal kann somit auf zwei Quellen reduziert werden:

1. **Strukturspezifische Merkmale**: Der physikalische Aufbau der Strecken-infrastruktur und Weichen liefert strukturelle Information über die Abfolge bestimmter Bauteile.

2. **Signalspezifische Merkmale**: Weichenbauteile, unterschiedliche Schwellenbefestigungen und sonstige Infrastrukturbauteile weisen eine spezifische Amplitude und spezifische Länge im WSS-Signal auf.

Für eine analytische Problemformulierung muss dieser Sachverhalt in einem adäquaten Signalmodell formuliert werden.

4.1.2 Signalentstehungsmodell Weichen

Die Geschwindigkeit des Schienenfahrzeugs hat einen erheblichen Einfluss auf die Morphologie des WSS-Signals einer Weiche. Befahrungen der gleichen Weiche mit unterschiedlichen Geschwindigkeiten führen zu Dehnungen und Stauchungen des Signals im Zeitbereich, die unweigerlich eine Änderung der Schwellenfrequenz und Bauteillänge zur Folge haben. Die Eliminierung des Geschwindigkeitseinflusses bildet daher die Grundlage für die weitere Modellierung und eine robuste Weichenerkennung. Mit der in Kapitel 3.2 geschätzten Geschwindigkeit erfolgt die Transformation der Zeitsignale $s_1(t)$ und $s_2(t)$ in den Ortsbereich[1], um die Signale $s_1(\hat{x})$ und $s_2(\hat{x})$ zu erhalten. Im weiteren Verlauf des Kapitels erfolgt die Beschreibung der Algorithmen für einen allgemeinen Sensorkanal $s(x) = s(\hat{x})$, die Verwendung des zweiten Sensorkanals kann allerdings jederzeit zu Zwecken der Redundanz und Plausibilisierung herangezogen werden.

Für das bereits in Kapitel 2.3 eingeführte, durch Schwellenbefestigungen erzeugte WSS-Signal, kann für kurze Zeitabschnitte sowie im Ortsbereich in guter Näherung ein stationärer, ergodischer Prozess vorausgesetzt werden. Dies gilt allerdings nur in homogenen Gleisbereichen ähnlicher Schwellenbefestigungen. Das Auftreten von Weichen und sonstigen Infrastrukturbauteilen verletzt die Stationaritätsbedingung massiv, was in Bild 4.4 am Beispiel einer Weiche veranschaulicht ist. Das Bild zeigt aber auch exemplarisch, dass das nun vorliegende nichtstationäre Signal in homogene Bereiche ähnlicher Amplitude eingeteilt werden kann. Diese Bereiche repräsentieren Elemente der Infrastruktur, im gezeigten Bild Schwellen und eine Weiche, deren Segmente in Kapitel 4.1 bereits genauer betrachtet wurden. Die Modellierung der Signalentstehung wird durch die Erweiterung des in Kapitel 2.3 vorgestellten Schwellensignalmodells ermöglicht und ist in Bild 4.5 dargestellt.

---

[1]Mit Ortsbereich wird in dieser Arbeit die Transformation der Abszisse von Sekunden zu Metern verstanden.

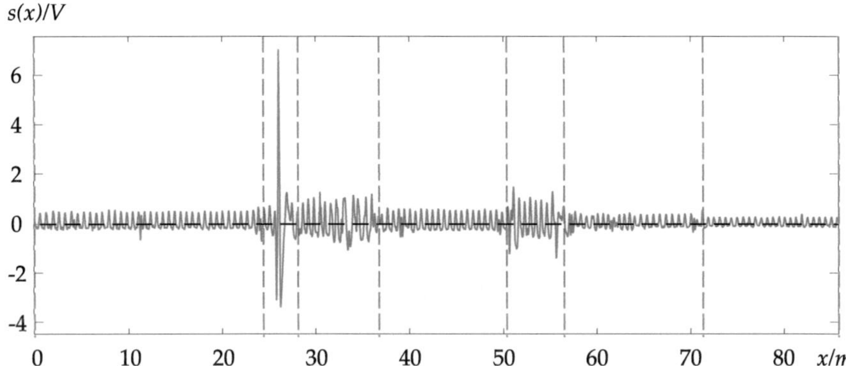

Bild 4.4: Ortssignal $s(x)$ bei Überfahrung einer Weiche und Einteilung in Signalabschnitte gleicher mittlerer Amplitude.

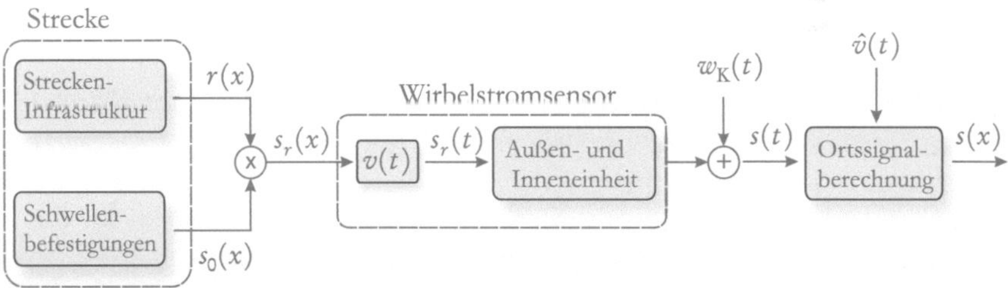

Bild 4.5: Blockdiagramm des Signalentstehungsmodells für das nichtstationäre WSS-Signal $s(x)$.

Der stochastische Prozess $\{S_{\mathrm{r},x}\}$, der das Streckenrohsignal modelliert, wird hierbei als die Kombination zweier stochastischer Prozesse interpretiert. Der Schwellenprozess $\{S_{0,x}\}$ repräsentiert einen stationären Basisprozess, der durch einen zweiten, nichtstationären Infrastrukturprozess $\{R_x\}$ in seiner Amplitude moduliert wird. Für das resultierende Streckenrohsignal $s_{\mathrm{r}}(x)$ gilt damit

$$s_{\mathrm{r}}(x) = s_0(x) \cdot r(x). \tag{4.1}$$

Die Modellierung einer Realisierung $r(x)$ des Infrastrukturprozesses erfolgt durch die Aneinanderreihung von Rechteckimpulsen individueller Breite ξ und Amplitude η, die jeweils der Realisierung eines zugrunde liegenden Segmentes entsprechen. Das Resultat ist ein stückweise konstantes Signal $r(x)$ mit

$$r(x) = \sum_{n=1}^{\infty} \eta_n \, \mathrm{rect}\left(\frac{x - \Delta_n}{\xi_n}\right), \text{ mit } \Delta_n = \sum_{i=1}^{n-1} \xi_i \text{ für } n > 1 \wedge \Delta_1 = 0. \tag{4.2}$$

Das so entstandene örtliche Streckenrohsignal $s_\mathrm{r}(x)$ wird durch das Wirbelstromsensorsystem, das mit der Geschwindigkeit $v(t)$ über die Strecke bewegt wird, in ein Zeitsignal $s_\mathrm{r}(t)$ gewandelt. Das WSS repräsentiert den Übertragungskanal, bestehend aus Außen- und Inneneinheit, der das zeitliche Signal verändert. Die Modellierung erfolgt analog des in Kapitel 2.3 vorgestellten Sensormodells. Die Übertragungseigenschaften des WSS werden wiederum als LTI-System modelliert. Zusätzlich wird die Annahme getroffen, dass additives, mittelwertfreies und weißes Rauschen $w_\mathrm{K}(t)$ mit $\mathcal{N}(w_\mathrm{K}(t)\,|\,0, \sigma^2_\mathrm{WSS}(t) + \sigma^2_\mathrm{R}(t))$ vorliegt. Dieses setzt sich additiv aus einem Rauschterm $w_\mathrm{WSS}(t)$, der die hohen Verstärkungen in der Auswerteeinheit (s. Kapitel 2.3) sowie statistische Schwankungen bei der Signalaufnahme widerspiegelt und den Störeinflüssen $w_\mathrm{R}(t)$ zusammen, die Schwankungen der Streckeninfrastruktur modellieren. Letztendlich wird das resultierende Zeitsignal $s(t)$, für das in Anlehnung an Gleichung 2.1

$$s(t) = s_r(t) * g_\mathrm{AE}(t) * g_\mathrm{IE}(t) + w_\mathrm{K}(t) \tag{4.3}$$

gilt, in das Ortssignal $s(x)$ transformiert. Abweichungen in der Geschwindigkeitsberechnung wirken sich hierbei über die geschätzte Größe $\hat{v}(t)$ auf die Frequenz des Basissignals und die Länge der Segmente aus.

Aufgrund der stückweisen Stetigkeit von $r(x)$ für ein Segment folgt mit der LTI-Eigenschaft des Kanals[2], dass die Stationarität des Basissignals auch für die jeweiligen Segmente in $s_r(x)$ gilt[3] [Papoulis 2002; Gray u. Davisson 2004]. Jedes Segment weist dadurch charakteristische Momente erster und zweiter Ordnung auf. Das zweite Moment, die Autokorrelationsfunktion, ist aufgrund des periodischen Schwellenbasissignals ebenfalls periodisch. Unter der Voraussetzung ergodischer Signale können aus dem Zeitmittelwert aufgezeichneter Daten die Kennzahlen für den jeweiligen Prozess empirisch gewonnen werden. Für den resultierenden Prozess $\{S_x\}$ weist jedes Segment eine charakteristische Amplitude und Länge auf, die direkt aus den physikalischen Eigenschaften der Strecke folgt. Dies gilt besonders für die bereits angesprochenen Hauptbauteile einer Weiche. Der Radlenker ragt beispielsweise bis zu zwei Zentimeter über den Schienenkopf, wodurch die Amplitude drastisch erhöht wird. Der Schweißstoß am Weichenanfang hat einen Amplitudenanstieg für eine Periode der Schwellenbasisfrequenz zur Folge. Die Vielzahl von verschiedenen Infrastrukturtypen sind hierbei Realisierungen des Infrastrukturprozesses und dessen Parameter.

Für die Validierung des Signalmodells wird ein idealisierter Schwellenprozess mit dem modulierenden Beispielsignal $r_\mathrm{B}(x)$ multipliziert. Letzteres simuliert einen Radlenker, der im Signal an der Stelle τ_r mit der Amplitude η_B und Breite ξ_B

---

[2]Diese Annahme kann aufgrund der Schmalbandcharakteristik des Ortssignals getroffen werden.
[3]Damit repräsentiert $\{S_{\mathrm{r},x}\}$ einen *lokal* stationären mittelwertfreien Prozess.

durch

$$r_\mathrm{B}(x) = \begin{cases} \eta_\mathrm{B} & \text{für } (\tau_\mathrm{r} - \xi_\mathrm{B}) < t < \tau_\mathrm{r} \\ 1 & \text{sonst} \end{cases} \qquad (4.4)$$

definiert ist. Bild 4.6 zeigt die Ergebnisse des Signalentstehungsmodells für das Beispielsignal. Das idealisierte Signal ist in der oberen Zeile abgebildet. Für die

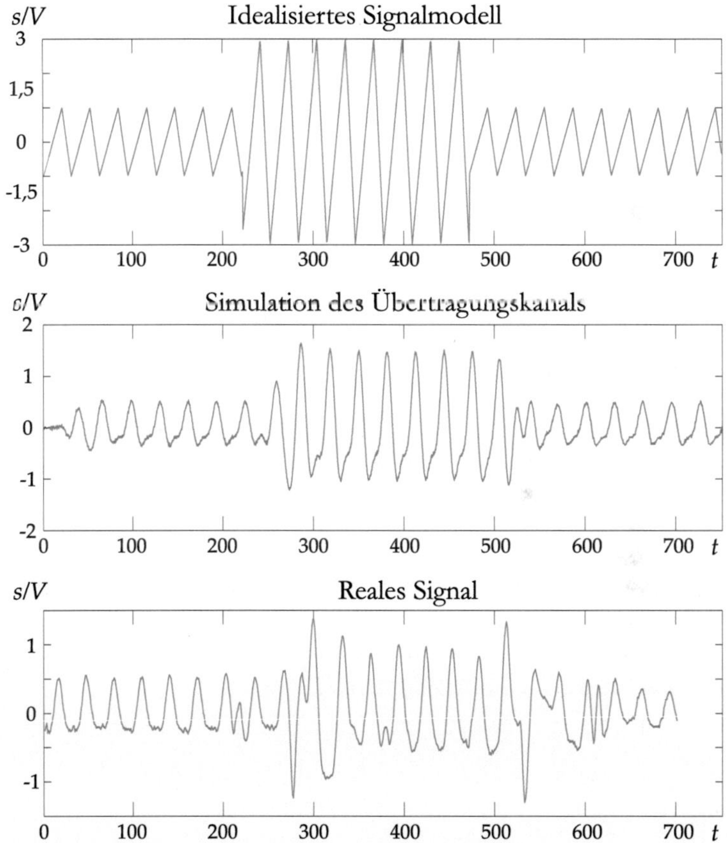

Bild 4.6: Simulation eines Radlenkers mit Hilfe des vorgestellten Signalentstehungsmodells.

Annahme punktförmiger Schwellenbefestigungen im idealen gegenseitigen Abstand für die gegebene Anordnung der Differenzsensoren ergibt sich ein Sägezahnsignal (s. Kapitel 2.3). Das zeitliche Streckenrohsignal $s_\mathrm{r}(t)$ wird, unter Verwendung konstanter Geschwindigkeit $v(t)$, aus der Multiplikation mit $r_B(x)$ erzeugt. Für dieses werden die Parameter $\tau_r = 481$, $\xi_B = 250$ und $\eta_B = 3$ gewählt. Die mittlere Zeile des Bildes zeigt das resultierende Signal nach der Transformation von $s_r(t)$ durch ein LTI-System, welches die Tiefpasseigenschaften der Außeneinheit und den Signalpfad der Inneneinheit entsprechend Kapitel 2.3 abbildet, und der anschließenden Addition von $w_K(t)$. Die untere Zeile zeigt zum Vergleich das experimentell aufgezeichnete Signal $s(t)$ eines Radlenkers. Die Simulation zeigt eine sehr gute Übereinstimmung mit dem Modell. Abweichungen ergeben sich durch die Varianz der Schwellenabstände und individuelle Ausprägungen der nicht punktförmigen Schwellenbefestigungen. Zusätzlich treten durch das Wirkungsprinzip des WSS bei sprunghaften Änderungen innerhalb des Messbereiches (z. B. Schweißstöße oder Bruchstellen) sehr hohe Signalamplituden auf [Engelberg 2001]. In der Inneneinheit werden diese in ihrem Betrag beschränkt, was nichtlineare Einflüsse auf das Signal zur Folge hat, die nicht mehr hinreichend genau simuliert werden können.

Das resultierende Signal ist einer Vielzahl von Störungen unterworfen. Als problematisch für einen späteren Detektor- und Klassifikatorentwurf erweist sich die Variation der Schwellenbefestigungen, die als Trägersignal der Infrastruktur fungieren. Zusätzlich erfolgt eine Verzerrung des resultierenden Signals durch die fehlerbehaftete Schätzung der Geschwindigkeit $\hat{v}(t)$.

4.1.3 Störeinflüsse des Weichensignalmodells

Die Geschwindigkeitsschätzung hat direkten Einfluss auf die Signalform von Weichen, die bei einer falschen Schätzung gedehnt oder gestaucht werden. Die Ortssignale sind somit aufgrund der fehlerbehafteten Schätzung $\hat{v}(t)$ ebenfalls fehlerbehaftet und stellen eine stochastische Größe dar. Die nichtlineare Koordinatentransformation entspricht einer Zuordnung der Signale entlang der zurückgelegten Wegstrecke $\hat{d}(T)$ zum Zeitpunkt T, die mit

$$\hat{d}(T) = \int_0^T \hat{v}(t)\,dt = \int_0^T v(t)\,dt + \int_0^T v_{\text{bias}}(t)\,dt + \int_0^T \Delta v(t)\,dt \qquad (4.5)$$

berechnet wird. In Gleichung 3.5 bezeichnen $v(t)$ die tatsächliche Geschwindigkeit, $v_{\text{bias}}(t)$ systematische Fehler und $\Delta v(t)$ stochastische Geschwindigkeitsschwankungen. Letztere können nach [Engelberg 2001] aus einer Taylorreihe entwickelt und als relative Standardabweichung mit

$$\frac{\sigma_{\hat{d}}}{d} = K_d \cdot \frac{\sigma_{\hat{v}}}{v} \qquad (4.6)$$

angegeben werden. Der Vorfaktor K_d hängt von der Auswertestrecke des Korrelators $x_c = v(t) \cdot T_M$ und der zu messenden Strecke d mit

$$K_d = \sqrt{2 \cdot \left[\frac{x_c}{d} + \left(\frac{x_c}{d} \right)^2 \cdot (e^{(-d/x_c)} - 1) \right]} \qquad (4.7)$$

ab und liegt für typische Werte ($d = 1000$m, $x_c = 1$m) bei $K_d = 0{,}04$. Bei erwarteten relativen Abweichungen der Geschwindigkeitsschätzung von $\frac{\sigma_{\hat{v}}}{v} < 1{,}5\%$ kann die relative Standardabweichung der Ortssignalberechnung vernachlässigt werden.

Im Gegensatz hierzu wirken sich systematische Fehler, die sich beispielsweise durch eine Abweichung des wirksamen Sensorspulenabstandes zum Sollwert, Symmetriefehler in den Maxima der Korrelationsfunktion sowie nicht identische Frequenzgänge der Sensorspulen ergeben, voll auf die Wegmessung aus. Diese Fehler sind das Resultat von Einbautoleranzen, Alterung der verwendeten Elektronikbauteile sowie des experimentell durchzuführenden Abgleichs der Sensorkanäle.

Neben den Geschwindigkeitseinflüssen müssen Signalstörungen in Form von Schwankungen der Signalamplitude berücksichtigt werden. Die in der Inneneinheit fest installierten adaptiven Filter führen bei ungenauer Schätzung des eingebauten Closed-Loop-Correlators zu unerwünschten Dämpfungen und Änderungen der Signalform. Zusätzliche Beeinflussung ergibt sich durch Temperaturdrift, mechanische Vibrationen und Fahrwerksbewegungen [Schnieder u. a. 2009].

4.1.4 Zusammenfassung Weichensignalmodell

Auf Basis des vorgestellten Modells und der gegebenen Anforderungen nach Schritt haltender Erkennung von Weichen muss ein Erkennungssystem entworfen werden. Als problematisch erweist sich hierbei, dass das Schwellenbasissignal der Trägerfrequenz einer Amplitudenmodulation entspricht. Phase und Frequenz sind allerdings Schwankungen unterworfen, die aus der Realisierung der Schwellenbefestigungen folgt. Aufgrund des Sensorprinzips und der eingesetzten Filter werden in dem stückweise stationären Basissignal $s_r(x)$ vorwiegend in den Übergangsbereichen der Segmente nichtstationäre Signalanteile induziert, die eine Beschreibung des resultierenden Signals $s(x)$ durch lineare Modelle[4] oder

---

[4]Eine gängige Modellierung von Zeitreihen besteht in dem Einsatz von autoregressiven, gleitenden Mittelwertmodellen (engl. *auto regressive moving average (ARMA)*), die allerdings stationäre Signale voraussetzen [Box u. a. 1994].

mit Hilfe der Autokorrelationsfunktion nicht zulassen. Die Vielzahl an Störeinflüssen erschwert zusätzlich die mathematische Beschreibung des resultierenden Signals, sodass Länge und Amplitude die Hauptmerkmale der unterschiedlichen Weichensegmente repräsentieren. Die jeweilige Amplitude kann durch den Betrag des analytischen Signals mit der Hilberttransformation gewonnen werden [Middleton 1996; Kiencke u. a. 2008]. Die Amplitude der Hauptbauteile ist dabei ein Vielfaches der mittleren Amplitude der Schwellenbefestigungen, weshalb sich die Verwendung der Signalenergie für den Detektorentwurf anbietet, für den bei der Betrachtung zufälliger Signale anstelle der Energie die Leistung des Signals verwendet wird [McKay 2003; Kiencke u. a. 2008]. Für den das Ortssignal $s(x)$ erzeugende Gesamtprozess $\{S_x\}$ können noch Vereinfachungen erfolgen, da durch die Hochpassfilterung in der Inneneinheit an jeder Stelle mittelwertfreie Signale vorliegen und der Erwartungswert mit $E\{S_x\} = 0$ als bekannt angenommen werden kann.

Werden die Segmente in $s(x)$ jeweils als Ausschnitt aus einem unendlichen stochastischen Signal interpretiert, treten in diesem keine nichtstationären Anteile aufgrund Segmentübergängen oder Filtereinflüssen auf. Mit der Annahme stationärer und ergodischer Signale wird die Autokorrelationsfunktion

$$\phi_{ss}(\tau) = E\{s(x - \tau)\, s(x)\} \tag{4.8}$$

durch die zeitliche Mittelung des Signales mit

$$\phi_{ss}(\tau) = \lim_{T_M \to \infty} \frac{1}{T_M} \int_0^{T_M} s(x - \tau)\, s(x)\, \mathrm{d}x \tag{4.9}$$

berechnet, die Leistung für zufällige Signale ist an der Stelle $\tau = 0$ der Autokorrelationsfunktion gegeben. Das Integrationsintervall entspricht der jeweiligen Segmentlänge im Signal und ist damit beschränkt. Für diesen Fall wird die Leistung über die *momentane Signalleistung* $R_S(x)$ mit

$$R_S(x_0) = \frac{1}{T_M} \int_{x_0}^{x_0 + T_M} s^2(x)\, dx \tag{4.10}$$

abgeschätzt [Papoulis 2002; Kiencke u. a. 2008]. Im Falle der WSS-Signale entspricht R_S aufgrund der Mittelwertfreiheit gerade der örtlichen empirischen Varianz $\hat{\sigma}^2(x_0)$ des Signals in dem betrachteten Segment.

Die Parameter der modellierten Basis- und Infrastrukturprozesse sind *a priori* nicht bekannt. Eine Trennung auf Basis des resultierenden Signals ist somit nicht möglich und die momentane Leistung repräsentiert eine Kombination aus Schwellenbasissignal und Infrastruktur, die als Merkmal für die nachfolgende Weichenerkennung genutzt werden soll.

4.2 Mustererkennung

Das Ziel der Weichenerkennung ist es, in dem gestörten Empfangssignal des WSS mit Hilfe des vorgestellten Signalmodells Weichen zu detektieren und zu klassifizieren. Dies entspricht im Sinne der statistischen Nachrichtentheorie einem *Mustererkennungsproblem* [Kroschel 2003]. In dieser Arbeit wird die Mustererkennung nach [Duda u. a. 2001] in mehrere sequentielle Stufen unterteilt, die in Bild 4.7 dargestellt sind.

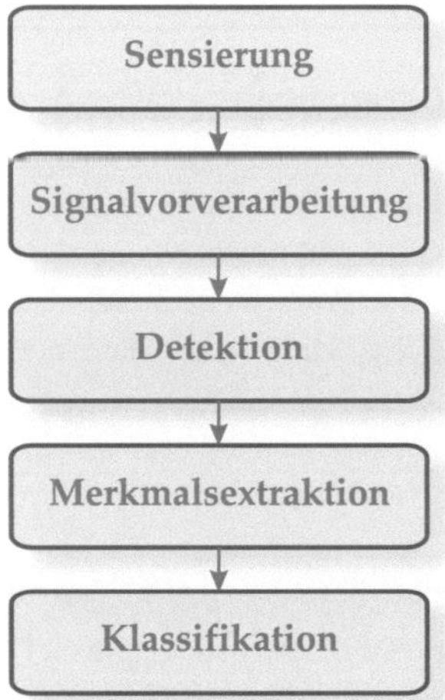

Bild 4.7: Stufen der Mustererkennung.

Für den verfolgten Ansatz der statistischen Mustererkennung gilt es, unter Berücksichtigung eines gegebenen Merkmalsvektors $y = (y_1,...,y_T)^{\mathrm{T}}$, $y \in \mathbb{R}$ der Dimension T, die wahrscheinlichste Klasse aus der Menge $\mathcal{W} = \{W_1,...,W_M\}$ aller möglichen Klassen zu wählen. Die Menge der Klassen beinhaltet im Falle der Detektion mit $\mathcal{W}_{\mathrm{D}}$ beispielsweise alle möglichen Signalbestandteile der Streckeninfrastruktur, wie Weichen, Brücken, Störungen oder Schienenbefestigungen. Für die darauffolgende Klassifikation, in der die detektierte Signalklasse „Weiche" weiter spezifiziert wird, repräsentieren die Klassen $\mathcal{W}_{\mathrm{K}}$ alle möglichen Befahrungsrichtungen der vorhandenen Weichen. Nichtsdestotrotz soll in beiden Stufen diejenige Klasse W_m gewählt werden, welche zu möglichst wenig Fehlentscheidungen führt. Hierzu wird der Merkmalsraum $\mathbb{R}$ in die Teilräume $\mathbb{R}_m$ mit $m = 1,...,M$ aufgeteilt, denen jeweils eine Klasse W_m zugeteilt wird. Für die Wahrscheinlickeit $P(C|W_m)$ eine korrekte Entscheidung C zu Gunsten der Klasse W_m, gegeben den Merkmalsvektor y, zu treffen, gilt dann [Kroschel 2003]:

$$P(C|W_m) = \int_{\mathbb{R}_m} p(y|W_m)\, dy. \tag{4.11}$$

Wird das Risiko für eine Fehlentscheidung gleich Eins und das Risiko für eine korrekte Entscheidung gleich Null gesetzt, erfolgt die Bestimmung der Wahrscheinlichkeit für eine korrekte Entscheidung $P(C)$ mit der *maximum a posteriori (MAP)* Entscheidungsregel zu

$$P(C) = \sum_m P(W_m)P(C|W_m) = \sum_m P(W_m) \int_{\mathbb{R}_m} p(y|W_m)\, dy. \tag{4.12}$$

Die Gleichung repräsentiert die mit den jeweiligen *a priori* Wahrscheinlichkeiten $P(W_m)$ gewichtete Summe der Wahrscheinlichkeit in 4.11 [Kroschel 2003], das Ergebnis erhält man schließlich durch die Maximierung der *a posteriori* Wahrscheinlichkeit mit

$$W_m^*(y) = \arg\max_m\{P(W_m|y)\}, \tag{4.13}$$

d. h. die Entscheidung fällt zu Gunsten der Klasse W_m^*, gegeben den Merkmalsvektor y. Mit Hilfe der Bayes-Formel [de Laplace 1812] gilt für die *a posteriori* Wahrscheinlichkeit

$$P(W_m|y) = \frac{P(y|W_m)P(W_m)}{P(y)}. \tag{4.14}$$

Soll nun die Klassifikation auf Basis der MAP-Regel durchgeführt werden, muss die Wahrscheinlichkeit $P(W_m|y)$ bestimmt werden. Für die Maximierung muss daher die „wahre" Wahrscheinlichkeitsverteilung der Klasse bekannt sein. Da dies für die Weichenerkennung nicht der Fall ist, müssen die Klassen W_m in Gleichung 4.13 durch ein geeignetes stochastisches Modell mit den Parametern Λ_m angenähert werden, so dass mit Gleichung 4.14 folgendes gilt:

$$\Lambda_m^*(y) = \arg\max_m\{P(\Lambda_m|y)\} = \arg\max_m\{P(y|\Lambda_m)P(\Lambda_m)\} \tag{4.15}$$

Dieser Ansatz trägt allerdings nicht der für die Lokalisierung essentiellen Anforderung der Schritt haltenden Detektion möglicher Weichen Rechnung, so dass sich das statische Mustererkennungsproblem für diese zu einem dynamischen, sequentiellen erweitert. Während solche Probleme klassischerweise mit einem sequentiellen Hypothesentest analog [Wald 1947] bearbeitet werden, gestaltet sich dies für die Weichenerkennung komplexer, da unter Berücksichtigung der Ähnlichkeit von Infrastrukturbauteilen im WSS-Signal und dessen geringer Auflösung, ein Modell erstellt werden muss, das Information über die Weichensegmentabfolge abbilden kann. Aufgrund dieser Abhängigkeit von der Zeit bzw. des Ortes erfolgt die sequentielle Formulierung durch das *Bayes-Filter* (s. Anhang A.2.1). Es beschreibt mit

$$p(x_t|y_{1:t}) = \frac{p(y_t|x_t)\int p(x_t|x_{t-1})p(x_{t-1}|y_{1:t-1})\,\mathrm{d}x_{t-1}}{p(y_t|y_{1:t-1})} \qquad (4.16)$$

die *a posteriori* Wahrscheinlichkeit $p(x_t|y_{1:t})$ sich in einem Zustand x_t zu befinden, wenn die Beobachtungen $y_{1:t} = (y_1,...,y_t)^{\mathrm{T}}$ vorliegen. Für die Berechnung des Filters ist es wiederum notwendig, stochastische Modelle für den Übergang der Zustände sowie die Wahrscheinlichkeit einer Beobachtung gegeben den Zustand zu definieren.

In der vorliegenden Arbeit werden für Detektion und Klassifikation *verdeckte Markowmodelle* [Ephraim u. Merhav 2002], die in der englischsprachigen Literatur als *hidden Markov models* [Bishop 2006] bekannt sind, als stochastische Modelle gewählt. Deren Parameter können nicht nur mit Hilfe von Beispielsequenzen effizient geschätzt werden, um die in der Klassifikation benötigte Klassenverteilung Λ_m zu modellieren, sondern ermöglichen auch die analytische Lösung des rekursiven Bayes-Filters in Gleichung 4.16, insofern eine diskrete und endliche Zahl möglicher Zustände vorliegt. Im folgenden Unterkapitel werden die notwendigen Notationsgrundlagen verdeckter Markowmodelle eingeführt und diese genauer definiert, bevor anschließend die für die Weichendetektion und -klassifikation notwendigen Anpassungen im Detail erläutert werden.

4.2.1 Verdeckte Markowmodelle (HMMs)

Als verdeckte Markowmodelle werden in der deutschsprachigen Literatur stochastische Modelle bezeichnet, die aus einer Markowkette bestehen, welche nur indirekt beobachtet werden kann, also verdeckt (engl. *hidden*) ist. Erstmalig in ihrer heutigen Form beschrieben und bezeichnet wurden die Modelle in [Ferguson 1980], ihre Einführung erfolgte bereits in [Baum u. Petrie 1966], noch unter der Bezeichnung *probabilistic functions of Markov chains*. Ihr Erfolg in der automatischen Sprachsignalverarbeitung, u. a. beschrieben in [Rabiner 1989] oder [Schukat-Talamazzini 1995], sowie neue Anwendungsfelder in der Bioinformatik [Durbin 2002; Raval u. a. 2002], Zeitreihenanalyse [Lindsey 2004; Zucchini u. MacDonald 2009] oder der Lokalisierung autonomer Systeme [Thrun u. a. 2005; Vasquez u. a. 2009] führten zur Übernahme der Bezeichnung *hidden Markov models* oder einfach nur *HMMs* auch im deutschen Sprachraum, die auch in dieser Arbeit verwendet werden soll.

Sei die Menge Q ein endliches *Zustandsalphabet* und $\{Q_t\}$ ein auf Q definierter *diskreter stochastischer Prozess*. Eine Realisierung des Prozesses ist durch den Zufallsvektor $Q = (Q_1, ..., Q_T)^T$ der Länge T gegeben. Der Prozess $\{Q_t\}$ sei kausal und die Zufallsvariable zum Zeitpunkt t nur von der Zufallsvariable zum Zeitpunkt $t-1$ abhängig . Dann können *Übergangswahrscheinlichkeiten* der Form

$$
\begin{aligned}
P(Q_t &= q_t | Q_1 = q_1, ..., Q_{t-1} = q_{t-1}) \\
&= P(Q_t = q_t | Q_{t-1} = q_{t-1}), \quad q_t \in Q,
\end{aligned}
\tag{4.17}
$$

definiert werden. Die Realisierungen einzelner Zufallsvariablen des Prozesses seien eindimensional, mit $P(Q_t = q_t | Q_{t-1} = q_{t-1})$ als Wahrscheinlichkeit eines Zustandsüberganges von q_{t-1} nach q_t, was im Folgenden notatorisch mit $P(q_t | q_{t-1})$ äquivalent sein soll. Es sei o.B.d.A. $Q = \{1, ..., N\}$, dann können die Übergangswahrscheinlichkeiten in der *Transitionsmatrix* $\mathbf{A}$ mit

$$
\mathbf{A} = \{a_{ij}\}_{N \times N}, \quad a_{ij} = P(q_t = j | q_{t-1} = i)
\tag{4.18}
$$

zusammengefasst werden. Ferner sei $a_{ij} \geq 0$ und $\sum_j a_{ij} = 1$. Definiert man zusätzlich einen N-dimensionalen Vektor π mit den Elementen

$$
\pi_i = P(q_1 = i), \quad \sum_{i=1}^{N} \pi_i = 1,
\tag{4.19}
$$

beschreibt $\{Q_t\}$ eine einfache[5] *Markowkette*, deren Eigenschaften durch $\mathbf{A}$ und π definiert sind.

Ein zweiter diskreter Prozess $\{D_t\}$ mit $D = (D_1, ..., D_T)^T$ produziert zu jedem Zeitschritt ein Zeichen aus einer Menge mit dem Umfang K, die im Falle diskreter HMMs auch als *Ausgabealphabet* bezeichnet wird. Einem potentiellen Beobachter steht für Schlüsse auf die verborgene Zustandsfolge $q = (q_1, ..., q_T)^T$, die

---

[5]Markowketten höherer Ordnung können auf Ketten erster Ordnung zurückgeführt werden [Zucchini u. MacDonald 2009; Bilmes 2006]

eine Realisierung von Q repräsentiert, nur eine Realisierung des Ausgabeprozesses $d = (d_1, ..., d_T)^{\mathrm{T}}$ zur Verfügung. Die Emission der Symbole ist auf den aktuell eingenommenen Zustand q_t bedingt und gehorcht

$$P(d_t | d_1, ..., d_{t-1}, q_1, ..., q_t) = P(d_t | q_t). \tag{4.20}$$

Handelt es sich um eine diskrete Verteilung, so können die Ausgabewahrscheinlichkeiten in der *Emissionsmatrix* $\mathbf{B}$ mit

$$\mathbf{B} = \{b_{ik}\}_{N \times K}, \quad b_{ik} = b_i(v_k) = P(d_t = v_k | q_t = i) \tag{4.21}$$

zusammengefasst werden. Hierbei sei wiederum $\sum_k b_{ik} = 1$ sowie $i = 1, .., N$, mit $b_{ik} \geq 0$, und v_k ein Element des Ausgabealphabets. Eine Erweiterung von $\mathbf{B}$ stellt die Möglichkeit dar, die Wahrscheinlichkeitsfunktion durch eine Wahrscheinlichkeitsdichtefunktion $b_i(.)$ zu ersetzen. Dann sei $D = Y$ und $d_t = y_t$ im K-dimensionalen Vektorraum $\mathbb{R}^K$ mit

$$p(y_t | q_t = i) = b_i(y_t) \tag{4.22}$$

und $\int_y b_i(y) dy = 1$. Alle Wahrscheinlichkeitsdichtefunktionen $b_i(.)$ der in dieser Arbeit beschriebenen HMMs sind parametrisierte Dichten, vollständig beschrieben durch den jeweiligen Parametervektor θ_i. Ein HMM λ ist somit vollständig durch das Tupel

$$\lambda = \{\mathbf{A}, \mathbf{B}, \pi\} \tag{4.23}$$

charakterisiert.

Ein HMM stellt einen zweistufigen stochastischen Prozess dar [Zucchini u. MacDonald 2009] und kann als *graphisches Modell* dargestellt werden. In Bild 4.8 sind die Zufallsvariablen in Quadraten diskret und die Zufallsvariablen in Kreisen kontinuierlich. Beobachtete Variablen werden schattiert dargestellt, verborgene, im Falle des HMM die Markowkette, ohne Füllung. Bedingte Abhängigkeiten werden durch Pfeile repräsentiert. Die multivariate Verbundwahrscheinlichkeit $p(y, q) = p(y_1, ..., y_T, q_1, ..., q_T)$, bei gegebener Sequenzlänge T, kann direkt aus dem graphischen Modell bestimmt werden. Die jeweils zum Zeitpunkt t verdeckte Variable Q_t wird als *latente Variable* bezeichnet, die über die bedingte Verteilung $p(y|q)$ inferiert werden muss. Für die Inferenz sei λ und eine Beobachtungsfolge y gegeben. Für kontinuierliche Beobachtungen und allgemeine Zustandsübergangsverteilungen folgt dann aus Bild 4.8

$$p(y, q | \lambda) = p(q_1 | \pi) \left(\prod_{t=2}^{T} p(q_t | q_{t-1}, \mathbf{A}) \right) \prod_{t=1}^{T} p(y_t | q_t, \mathbf{B}). \tag{4.24}$$

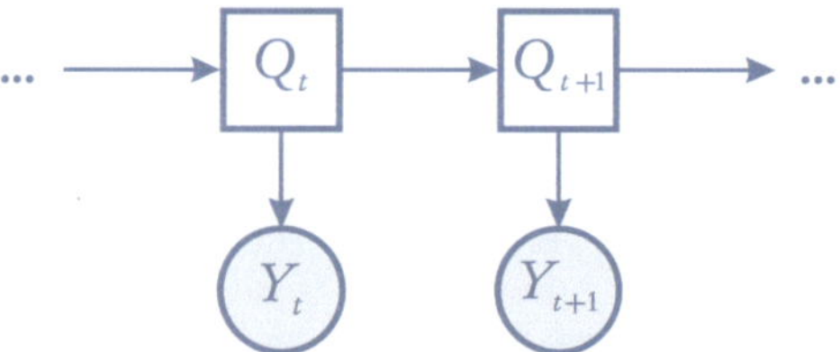

Bild 4.8: Graphisches Modell eines HMM mit den beiden Prozessen $\{Q_t\}$ und $\{Y_t\}$.

Die Berechnung der *Produktionswahrscheinlichkeit* $p(y|\lambda)$, das heißt die Wahrscheinlichkeit einer Beobachtungsfolge bei gegebenem Modell, geschieht durch Marginalisierung von q in Gleichung 4.24, woraus mit Gleichung 4.22 folgt

$$p(y|\lambda) = \sum_{q \in \mathcal{Q}^T} p(y, q|\lambda) = \sum_{q \in \mathcal{Q}^T} \pi_{q_1} b_{q_1}(y_1) \prod_{t=2}^{T} a_{q_{t-1}q_t} b_{q_t}(y_t). \tag{4.25}$$

Dies entspricht einer Wahrscheinlichkeitsverteilung der möglichen Zustandsfolgen aus der Menge aller möglichen Vektorfolgen $\mathcal{Q}^T$. Die Summe über alle Folgen in Gleichung 4.25 ist auf Grund der Komplexität $\mathcal{O}(T \cdot N^T)$ selbst für Modelle mit kleiner Zustandsanzahl N nicht praktikabel zu berechnen. Eine effiziente Möglichkeit der Berechnung bieten die *Vorwärtswahrscheinlichkeiten* $\alpha_t(i) = P(y_1, ..., y_t, q_t = i|\lambda)$ und *Rückwärtswahrscheinlichkeiten* $\beta_t(i) = P(y_T, ..., y_{t+1}, q_t = i|\lambda)$, welche die Produktionswahrscheinlichkeiten rekursiv berechnen. Die Berechnungsalgorithmen finden sich in Anhang A.3.1 und weisen jeweils die Komplexität $\mathcal{O}(N^2 \cdot T)$ auf. Damit kann die *maximum a posteriori* Wahrscheinlichkeit zum Zeitpunkt t den Zustand i einzunehmen bei gegebener Beobachtungsfolge y durch Maximierung des Ausdrucks

$$P(q_t = i|y, \lambda) = \frac{P(y, q_t = i|\lambda)}{P(q|\lambda)} = \frac{\alpha_t(i)\beta_t(i)}{\sum_i \alpha_t(i)\beta_t(i)} \tag{4.26}$$

bestimmt werden. Diese Berechnung basiert auf der Faktorisierung des graphischen Modells und ist in der Literatur als *sum-product* Algorithmus [Bishop 2006] bekannt. Die mit diesem Algorithmus sequentiell berechneten Zustände weisen eine minimale Symbolfehlerrate, d. h. die individuell wahrscheinlichsten Zustände einer Sequenz, im Bayes'schen Sinne auf [McKay 2003] und bilden die Grundlage der in Kapitel 4.5 vorgestellten Parameterschätzverfahren. Da allerdings unzulässige Zustandsübergänge auftreten können, wird in Kapitel 4.4 mit dem *Viterbi*-Algorithmus ein Verfahren eingeführt, das diese ausschließt und eine minimale Blockfehlerrate, d. h. die wahrscheinlichste Sequenz von Zuständen für die gegebenen Beobachtungen, aufweist. In den folgenden Kapiteln soll nun mit Hilfe des HMM-Formalismus die Weichenerkennung durch eine Zerlegung in die Teilbereiche Detektion und Klassifikation nach dem Schema in Bild 4.7 gelöst werden. Für die Verarbeitung eines Datenstroms mit HMMs müssen für beide Aufgaben jeweils Merkmalsvektoren aus dem WSS-Signal $s(x)$ erzeugt werden.

4.3 Erzeugung der Merkmalsvektoren für HMMs

Prinzipiell ist es möglich, mit HMMs die skalaren Messwerte des Ortssignals $s(x)$ direkt zu nutzen. Unter Berücksichtigung von Aufgabenstellung und Sensorcharakteristik erlauben adäquate Signaltransformationen für Detektion und Klassifikation allerdings eine Verbesserung der Ergebnisse. Um die Schritt haltende Auswertung zu gewährleisten, wird der Merkmalsvektor y durch die Unterteilung des Signals in *Signalrahmen* (engl. *frames*) [Huang u. a. 2001] berechnet. Die Unterteilung in Rahmen wird mit Hilfe einer Fensterfunktion $w(x)$ der Länge L_w erreicht, die über $s(x)$ hinweggeschoben wird. Durch die Verarbeitung des gefensterten Signals mit der Analysefunktion $f(.)$ wird der gefensterte Merkmalsvektor $y_w(m)$, gegeben die Position des Fensters an der Stelle m, mit

$$y_w(m) = \sum_{x=-\infty}^{\infty} f(s(x), x)\, w(m - x) \tag{4.27}$$

definiert [Hoffmann 1998]. Als Fensterfunktion ist für Zeitbereichsanwendungen überwiegend das Rechteckfenster, bei Spektralanalysen das Hammingfenster gebräuchlich [Oppenheim u. Schafer 1999]. Die Verschiebung des Fensters wird in der Regel so gewählt, dass es zu einer Überlappung der Signale kommt. Dies impliziert eine Datenkompression als Funktion des Verhältnisses von Fensterlänge zu Überlappung. Die Nutzung der gesamten Signalinformation erfolgt durch die Transformation in den Zeit-Frequenzbereich mit geeigneten Analysefunktionen. Dadurch ergeben sich mehrdimensionale Merkmalsvektoren, die die Leistungsverteilung innerhalb des jeweiligen Fensters darstellen. Die für die Arbeit relevanten Vorverarbeitungen sollen im Folgenden näher betrachtet werden.

Kurzzeitspektralanalyse

Wird für die Analysefunktion der Term

$$f(s(x), x) = s(x)\, e^{(-j\omega x \Delta x)} \tag{4.28}$$

eingesetzt, erhält man das Kurzzeitspektrum innerhalb des betrachteten Fensters w als Funktion des Ortes m und der Frequenz ω [Kiencke u.a. 2008]. In Abhängigkeit der Ortsabtastung Δx gilt

$$y_w(m,\omega) = \sum_{x=-\infty}^{\infty} s(x)\, w(m-x)\, e^{(-j\omega x \Delta x)}. \tag{4.29}$$

Die Kurzzeitspektralanalyse (engl. *Short time Fourier Transformation (STFT)*) zerlegt das Signal in Frequenzbänder, indem als neue Orthogonalbasis Sinus- und Cosinusfunktionen genutzt werden. Die STFT eignet sich prinzipiell für die Darstellung nichtstationärer Signale [Ghil u.a. 2002], benötigt aber, aufgrund der unendlich ausgedehnten Basisfunktionen, sehr viele Basisfunktionen um abrupte Signaländerungen abbilden zu können.

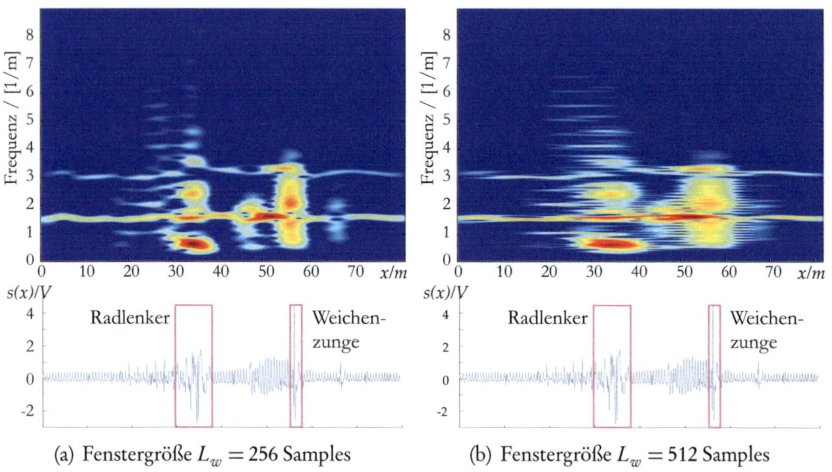

(a) Fenstergröße $L_w = 256$ Samples   (b) Fenstergröße $L_w = 512$ Samples

Bild 4.9: Vergleich zweier Spektrogramme der gleichen Weiche mit unterschiedlicher Länge L_w des Hammingfensters. Während im linken Spektrogramm die örtlichen Positionen enger lokalisiert sind, ist eine feinere Frequenzauflösung im rechten Spektrogramm auf Kosten der Ortsgenauigkeit möglich.

Zwei Spektrogramme einer Beispielweiche, eingebettet in einen gewöhnlichen Gleisbereich, sind in Bild 4.9 gezeigt. Die Anteile der Signalenergie als Funktion der Frequenz und des Ortes sind jeweils farblich codiert aufgetragen. Das Bild verdeutlicht den Einfluss der Fenstergröße auf die STFT. Aufgrund der Unschärferelation $\Delta x \Delta f \geq \frac{1}{4\pi}$ ist es nur möglich, eine hohe Frequenzauflösung Δf auf Kosten der Ortsauflösung Δx zu erhalten und umgekehrt. Im Spektrogramm gut erkennbar ist die Grundfrequenz des in Kapitel 2.2 diskutierten Schwellenbasissignals $s_0(x)$. Für die Schwellenfrequenz gilt $f_0 \approx 1{,}5\frac{1}{m}$, was einem mittleren Schwellenabstand von ca. 65 cm entspricht. Die Signalenergie bei dieser Frequenz hängt allerdings stark von den auftretenden Weichenbauteilen ab, sodass eine Bandpassfilterung des Basissignals nützliche Information unterdrücken würde.

Wavelettransformation

Eine alternative Zeit-Frequenz-Transformation stellt die Wavelettransformation dar [Mallat 1999]. Aufgrund endlich ausgedehnter Basisfunktionen eignet sie sich besonders für die Darstellung nichtstationärer Signalbereiche, wie sie beispielsweise Weichenzungen darstellen. Die Waveletanalyse führt die Signaltransformation nicht mit Hilfe harmonischer Schwingungen als Basisfunktionen aus, sondern nutzt hierfür sog. Wavelets, die nicht durch Frequenzen sondern Skalen charakterisiert werden. Mit der Analysefunktion

$$\int (s(x), x) = s(x)\, \Psi_{g,h}(x), \tag{4.30}$$

entspricht der Merkmalsvektor der Leistungsverteilung in Waveletskalen. In

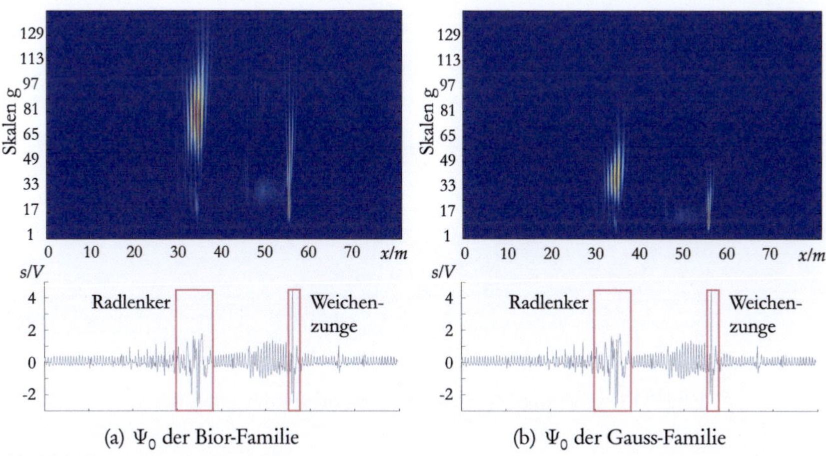

(a) Ψ_0 der Bior-Familie

(b) Ψ_0 der Gauss-Familie

Bild 4.10: Vergleich zweier Skalogramme einer Weiche mit unterschiedlichen Mutterwavelets Ψ_0.

Gleichung 4.30 bezeichnet $\Psi_{g,h}(x)$ die Waveletfunktion, die mit g skaliert und um h ortsverschoben wird. Es gilt

$$\Psi_{g,h}(x) = |g|^{-\frac{1}{2}} \; \Psi_0\left(\frac{x-h}{g}\right). \tag{4.31}$$

Während die Ausdehnung durch die Skalen vorgegeben ist, muss als freier Parameter das Mutterwavelet Ψ_0 gewählt werden [Kiencke u. a. 2008]. Die Unterschiede bedingt durch diese Wahl sind exemplarisch in den Skalogrammen in Bild 4.10 dargestellt. Das Bild zeigt, dass die Wavelettransformation nichtstationäre Signalbereiche sehr gut in Ort und Skale beschreibt.

Kurzzeitleistung

Wird die Fensterfunktion zu $\frac{1}{L_w}\mathrm{rect}(\frac{m-x}{L_w})$ und die Analysefunktion zu $f(s(x),x) = s(x)^2$ gesetzt, ergibt sich die momentane Leistung, die auch als Kurzzeitleistung bezeichnet wird, als Merkmalsvektor [Westphal 2001]. Die Wahl der Fenstergröße beeinflusst hierbei maßgeblich das Ergebnis. Bild 4.11 zeigt den Verlauf der Kurzzeitleistung der gleichen Weiche für zwei unterschiedliche Fensterlängen L_w. Die Berechnung bewirkt eine Glättung des quadrierten Signals, die

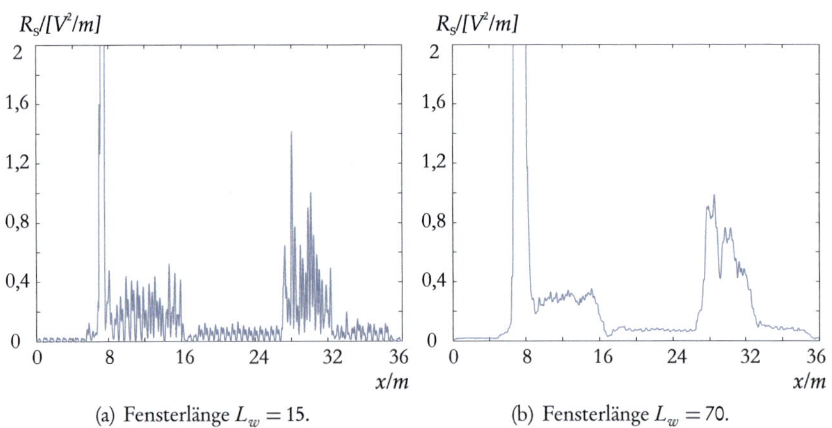

(a) Fensterlänge $L_w = 15$.   (b) Fensterlänge $L_w = 70$.

Bild 4.11: Leistungsmerkmalsvektor und Auswirkung von L_w.

einer Tiefpassfilterung mit gleitendem Fenster (engl. *moving average*) [Hänsler 2001] entspricht. Die beschriebene Vorgehensweise weist somit große Ähnlichkeit zu einer Amplitudendemodulation auf [Middleton 1996], in der die Gleichrichtung der Signale durch deren Quadratur ersetzt wird und die der in Kapitel 4.1.4 geforderten Detektoreigenschaften genügt. Die Beispielbilder zeigen deutlich, dass durch die Wahl von L_w Anteile des Schwellenbasissignals $s_0(x)$ unterdrückt werden können, um den tieffrequenteren, amplitudenmodulierenden Prozess $\{R_x\}$ hervorzuheben.

Zusammenfassung

Durch die Eigenschaften der vorgestellten Analysefunktionen ist eine separate Betrachtung für die Signalvorverarbeitung und Merkmalsextraktion vonnöten. Während die Detektion von einer hohen Verarbeitungsgeschwindigkeit profitiert und die Notwendigkeit zur Abstraktion der einzelnen Weichen auf eine gemeinsame Überklasse der Weichen gegeben ist, müssen in der Klassifikation individuelle Besonderheiten der Weichen hervorgehoben werden, um diese voneinander abzugrenzen. Dies wirkt sich auf die Wahl der Merkmale sowie die Parametrierung der in Signalvorverarbeitung und Merkmalsextraktion gewählten Beschreibungen aus.

4.4 Detektion von Eisenbahnweichen

Die Weichendetektion stellt ein Multiklassendetektionsproblem dar [Kroschel 2003]. Mit dem in Kapitel 4.1 beschriebenen Weichenaufbau wird die Signalklasse *Weiche* in vier Unterklassen aufgeteilt, die durch die Abfolge der Weichensegmente für jede Befahrungsrichtung („spitz/stumpf rechts/links") modelliert werden. Neben den Weichen ergeben sich die anderen Klassen durch die vorhandene Schieneninfrastruktur als *Schwellen* und *Störung*, wobei letztere in zwei Unterklassen aufgeteilt werden. Diese repräsentieren kurze Bereiche mit stark erhöhter Leistung, die durch Bahnübergänge, Schweißstöße oder Kabel induziert werden, sowie längere Störbereiche geringerer Amplitude, die sich durch Fangschienen, Brücken oder Bahnhofsbereiche mit besonderen Schwellenbefestigungen auf das Signal auswirken. Für die Detektion ergeben sich mit dieser Modellierung $M_D = 7$ erschöpfende Signalklassen in $\mathcal{W}_D = \{W_1, ..., W_{M_D}\}$, die mit Hilfe der in Kapitel 4.1 und Kapitel 4.1.2 beschriebenen physikalischen und signaltheoretischen Eigenschaften voneinander separiert werden müssen.

In diesem Kapitel wird zu diesem Zweck das Detektions-HMM λ_D erstellt, welches die im Signal enthaltene Information bestmöglich nutzt und eine Schritt haltende Dekodierung des gemessenen WSS-Signals ermöglicht. Da die Beschaffung experimenteller Daten für Bahnsysteme kosten- und zeitintensiv ist, wird ein besonderes Augenmerk auf die einfache Bestimmung der Modellparameter mit Hilfe einer minimalen Datenmenge gelegt, die beispielsweise an dem bereits vorgestellten WSS-Prüfstand gewonnen werden kann. Bevor die Modellerstellung und -anpassung erfolgt, müssen daher zunächst die Merkmale und deren Modellierung durch geeignete Wahrscheinlichkeitsverteilungen gewählt werden.

4.4.1 Signalvorverarbeitung – Signalspezifische Merkmale

In der Signalvorverarbeitung stellt sich die Aufgabe, die signalspezifische Information der jeweiligen Infrastrukturbauteile für die Detektion zu gewinnen. Diese sind jeweils durch eine charakteristische Länge und Amplitude charakterisiert, die ausreichen, um den Streckenrohprozess $\{S_{r,x}\}$ abzubilden.

4.4.1.1 Längenmerkmale

Die Länge von Weichen und ihren Bauteilen ist in Eisenbahnnormen, beispielsweise den Vorgaben des Verbandes deutscher Verkehrsunternehmen (VDV), festgelegt [Pachl 2004] und kann aus diesen oder gegebenenfalls aus vorhandenen Bauplänen gewonnen werden. Die Längen von Hauptbauteilen exemplarischer Weichentypen[6] sind in Tabelle 4.1 aufgeführt. Die Tabelle verdeutlicht, dass

Tabelle 4.1: Länge ausgewählter Weichenbauteile nach VDV Maßsystem.

Weichentyp	Gesamtlänge in m	Bauteil	Länge in m
EW 49-300-1:9	33,23	Radlenker	5
EW 49-300-1:9	33,23	Herzstück	2,1
EW 49-300-1:9	33,23	Zungenbereich	12
EW 49-190-1:9	27,06	Radlenker	3,7
EW 49-190-1:9	27,06	Herzstück	1,7
EW 49-190-1:9	27,06	Zungenbereich	12

Radlenker und Herzstücke typabhängig in ihrer Länge variieren. Herzstücke tauchen zusätzlich in zwei Variationen, gebogen und nicht gebogen, auf. Der in Tabelle 4.1 genannte „Zungenbereich" beschreibt den Stellwerksbereich mit dem Weichenstellmechanismus, der in der in Kapitel 4.1 eingeführten Segmentierung als drittes Segment definiert ist (s. Bild 4.1). Der Bogenradius der Weiche hat merklichen Einfluss auf die Gesamtlänge. Während die Hauptbauteile nicht oder nur unwesentlich beeinflusst werden, erfolgt der größte Längenzuwachs im Weichenmittelbereich (Segment IV).

---

[6]Der Weichentyp ist nach einem eindeutigen Schema benannt. Bei *EW 49-190-1:9* handelt es sich beispielsweise um eine *einfache Weiche* mit dem Schienenprofil 49, einem Bogenradius von 190 m im abweichenden Strang und einer Endneigung gegenüber des geraden Strangs von 1:9.

Den definierten Längen steht die tatsächliche Länge eines Bauteiles im WSS-Signal gegenüber, die von Eintritt und Verlassen des Sensor-Messfeldes abhängt. Durch stochastische Längenabweichungen im Signal, die auf einer unsicherheitsbehafteten Geschwindigkeitsschätzung, Tiefpasseffekten des Sensorprinzips und Signalfiltern der Inneneinheit beruhen, wird die Bauteillänge im Signal zu einer Zufallsvariablen.

Unter diesen Gesichtspunkten sind in Tabelle 4.2 exemplarische Werte für den empirischen Mittelwert $\bar{l}_B$ und die empirische Standardabweichung $\hat{\sigma}_{l_B}$ von Bauteillängen l_B der Weichenhauptbauteile eingetragen. Diese wurden am Prüfstand und aus handsegmentierten Messfahrten gewonnen und zeigen, dass Längen teilweise von den theoretischen Längen in Tabelle 4.1 abweichen. Die Länge der

Tabelle 4.2: Empirischer Mittelwert und Standardabweichung der Länge ausgewählter Weichenbauteile.

Bauteil	$\bar{l}_B$ in m	$\hat{\sigma}_{l_B}$ in m
Zunge	1,63	0,24
Radlenker	5,89	0,53
Herzstück	4,18	0,92

Radlenker weist eine kleinere Standardabweichung als erwartet auf, was darauf zurückzuführen ist, dass für die betrachtete Strecke im Albtal nur Radlenker der Länge 5 m verlegt sind. Der empirische Mittelwert der Herzstücklänge ist dagegen größer als erwartet, da durch die Form des Herzstücks die in Bauplänen definierte Länge nicht den elektromagnetischen Einfluss des Herzstücks auf den Sensor widerspiegelt.

Die Bauteillänge variiert durch den unbekannten zugrundeliegenden Weichentyp, Abweichungen in der Geschwindigkeitsschätzung, Messfehler durch Schwankungen des Fahrwerks und Ungenauigkeiten des WSS. Da hierdurch mehrere unbekannte, additive Fehlereinflüsse für die jeweilige Messung vorliegen, und keiner dieser Fehler einen zu starken Einfluss ausübt, kann aufgrund des *Zentralen Grenzwertsatzes* nach Lindeberg-Lévy [Lindeberg 1922] die Annahme einer gaußverteilten Bauteillänge l_B getroffen werden [Papoulis 2002], für deren Mittelwert und Varianz $\mu_{l_B} = \bar{l}_B$ und $\sigma_{l_B}^2 = \hat{\sigma}_{l_B}^2$ gilt [Sachs 2004]. Die Verifikation erfolgt durch die Bestätigung der Normalverteilungshypothese mit einem $\chi_{0,95}^2$-Test [Fahrmeir u. a. 2004] mit einem Signifikanzniveau von 5%. Exemplarische Resultate für die ermittelten Verteilungshypothesen der Länge von Weichenzunge und Radlenker sind in Bild 4.12 gezeigt. Die auf diesem Wege gewonnene Bauteillänge repräsentiert als Merkmal die Dauer ξ der Rechteckfunktion von

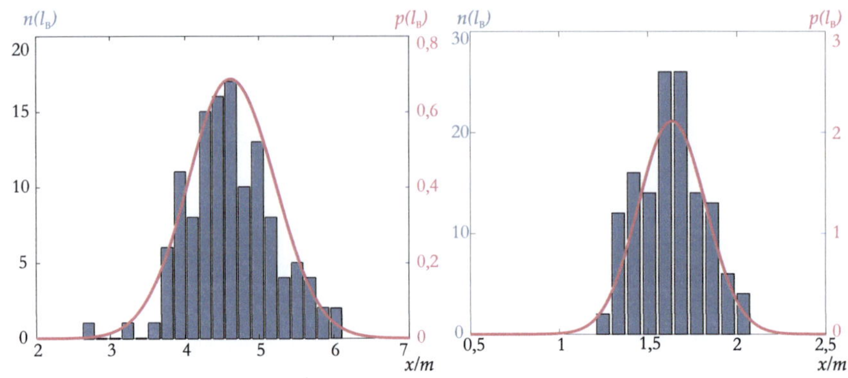

(a) Empirische Verteilung Länge Radlenker   (b) Empirische Verteilung Länge Weichenzunge

Bild 4.12: Histogramm und geschätzte Normalverteilung empirischer Radlenker- und Zungendaten (112 bzw. 133 Messwerte).

$\{R_x\}$ in Gleichung 4.1. Für eine vollständige Bestimmung von $\{R_x\}$ muss nun noch ein geeignetes Merkmal für die Amplitude η bestimmt werden.

4.4.1.2 Leistungsmerkmale

Wie in Kapitel 4.1.2 beschrieben, basiert das Weichensignalmodell auf einer Einteilung des Ortssignals $s(x)$ in lokale Bereiche ähnlicher Amplitude, für deren Charakterisierung die Signalleistung genutzt werden kann (s. Kapitel 4.1.4).

Die Forderung der Echtzeitverarbeitung erfordert eine möglichst kompakte Merkmalsdarstellung. Zusätzlich führt die Notwendigkeit mehrere unterschiedliche Weichen durch eine gemeinsame Befahrungsklasse darzustellen unweigerlich zu Mittelungseffekten über mehrere Frequenzen bzw. Skalen. Die in Kapitel 4.3 vorgestellte Kurzzeitsignalleistung steht über das Parseval'sche Theorem mit der Kurzzeitspektralanalyse und Wavelettransformation in Beziehung [Kiencke u. a. 2008]. Die Leistung entspricht nach diesem der Projektion aller Frequenz- und Skalenleistungen auf eine Dimension. Durch die Modellierung der Leistung mit einer eindimensionalen Gaußverteilung müssen je Bauteil nur zwei Parameter geschätzt werden, was mit einer geringen Anzahl von Musterdaten möglich ist. Zusätzlich wird durch die Approximation verhindert, dass die individuelle Signalverteilung einer Musterweiche zu starken Einfluss auf die abzubildende Klasse der Befahrungsrichtung hat. Das Vorliegen des Ortssignals $s(x)$ erlaubt für die Leistungsberechnung die Verwendung einer konstanten Fensterbreite von ca. eineinhalb Perioden der Schwellenfrequenz, die sich dazu eignet die Schwellenbasissignale in Gleichung 4.1 zu unterdrücken und gleichzeitig das unterliegende tieferfrequente Infrastruktursignal $r(x)$ nicht zu stark zu dämpfen. In Anbetracht dieser Eigenschaften erfolgt die Wahl der Kurzzeitleistung als Detektionsmerkmal. Ein exemplarisches Leistungssignal mit der Ortsauflösung $\frac{1}{50}$ m ist für die Fensterlänge $L_w = 50$ in Bild 4.13 zusammen mit dem Ortssignal $s(x)$ gezeigt. Die Dämpfung des Schwellenbasissignals lässt das im Modell ange-

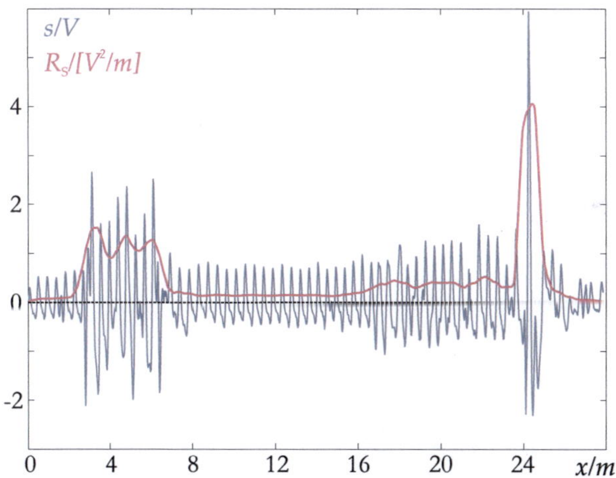

Bild 4.13: Darstellung der momentanen Leistung (rot) bei Befahrung einer Weiche.

nommene amplitudenmodulierende Signal $r(x)$ hervortreten, dessen idealisierte Rechteckform durch die Tiefpassfilterung von Kanal und Vorverarbeitung verändert wird. Zusätzliche Abweichungen ergeben sich durch individuelle Merkmale der Infrastrukturbestandteile, die die Leistung im Signal beeinflussen. Somit stellt auch die Bauteilleistung R_B eine Zufallsgröße dar.

Für die drei Weichenhauptbauteile und das Schwellenbasissignal sind die jeweils empirisch aus Messwerten bestimmten Mittelwerte $\overline{R}_B$ und Standardabweichungen $\hat{\sigma}_{R_B}$ der Kurzzeitleistung in Tabelle 4.3 aufgelistet. Mit den gleichen Annahmen wie für die Längenmerkmale kann wiederum eine Normalverteilung für die Leistungsverteilung der Weichenhauptbauteile angenommen werden. Die Nebenbedingung positiver Leistung wird für die Weichenhauptbauteile durch einen ausreichenden Abstand der Verteilungen von der negativen Halbachse in guter Näherung erfüllt. Dies gilt nicht für den Schwellenbereich, für dessen Kurzzeitleistung die Normalverteilungshypothese zurückgewiesen wird. Die Modellierung erfolgt daher mit der Log-Normalverteilung [Limpert u. a. 2001;

Tabelle 4.3: Leistung der Weichenhauptbauteile und Schwellenbereich

Bauteil	$\overline{R}_\mathrm{B}$ in V^2/m	$\hat{\sigma}_{R_\mathrm{B}}$ in V^2/m
Zunge	4,84	0,68
Radlenker	0,68	0,21
Herzstück	0,5	0,15
Schwellenbereich	0,02	0,007

Sachs 2004]. Bild 4.14 zeigt die empirische Leistungsverteilung des Schwellenbereichs mit der hypothetischen Verteilung. Die Parameter der verwendeten Log-

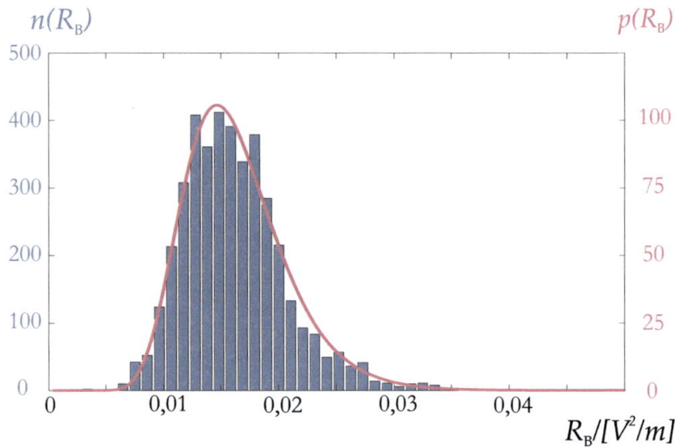

Bild 4.14: Histogramm und geschätzte Log-Normalverteilung der momentanen Leistung des Schwellensignals.

Normalverteilung, Erwartungswert m_log und Varianz v_log, können mit

$$\mu_\mathrm{log} = \log\left(\frac{m_\mathrm{log}^2}{\sqrt{v_\mathrm{log}+m_\mathrm{log}^2}}\right) \quad \text{und} \quad \sigma_\mathrm{log}^2 = \log\left(\frac{v_\mathrm{log}}{m_\mathrm{log}^2+1}\right) \tag{4.32}$$

in herkömmliche Normalverteilungsparameter umgerechnet werden, um eine einheitliche Parametrierung zu erreichen.

4.4.1.3 Merkmalsraum

Mit der Wahl von Längen- und Leistungsmerkmalen wird ein zweidimensionaler Merkmalsraum für die Darstellung der signalspezifischen Merkmale aller Bauteile aufgespannt. In Bild 4.15 sind die drei Weichenhauptbauteile und eine Störung in dem Merkmalsraum dargestellt. Das Bild zeigt, dass eine klare Trennung

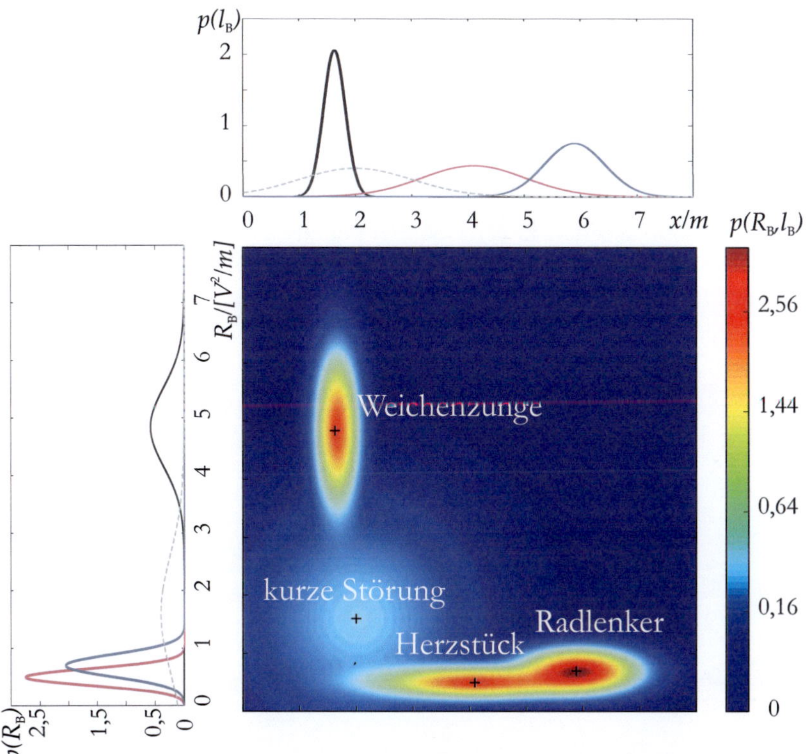

Bild 4.15: Merkmalsraum Bauteillänge l_B und Bauteilleistung R_B. Dargestellt sind die drei für die Bestimmung der Befahrungsrichtung ausreichenden Bauteile Weichenzunge (schwarz), Herzstück (rot), Radlenker (blau) und die Modellverteilung für kurze Störungen, wie beispielsweise Signalkabel (grau gestrichelt).

von Weichenhauptbauteilen und der Störung ermöglicht wird, es aber zu einer hohen Überlappung von Radlenker und Herzstück kommt, die eine exakte Befahrungsrichtungszuordnung erschwert. Nachdem die Detektionsmerkmale gewählt wurden, müssen diese in den HMM-Formalismus eingebunden und mit den strukturspezifischen Merkmalen kombiniert werden.

4.4.2 Topologie des Detektions-HMM

Neben der Wahl der Merkmale spielt die Modelltopologie des Detektions-HMM λ_D eine entscheidende Rolle. Sie wird genutzt um die Bauteilabfolge und damit die strukturspezifischen Merkmale einer Weiche zu modellieren und muss gleichzeitig der Forderung nach einer Schritt haltenden Dekodierung in einem – theoretisch unendlichen – Datenstrom genügen.

4.4.2.1 Modellierung strukturspezifischer Merkmale mit HMMs

Die strukturspezifischen Merkmale der Weichen, d. h. die Abfolge der Weichensegmente, können direkt in der HMM-Topologie kodiert werden. Da mit dem WSS-Signal ein sequentieller diskreter stochastischer Prozess vorliegt, eignet sich die lineare Links-Rechts Topologie für die Modellierung. Sie erlaubt nur Selbsttransitionen a_{ii} oder Übergänge zum folgenden Zustand, so dass gilt:

$$a_{ij} = 0 \quad \forall j < i \wedge j > i+1 \tag{4.33}$$

Die Topologie findet beispielsweise in der sequentiellen Verarbeitung von Fahr-

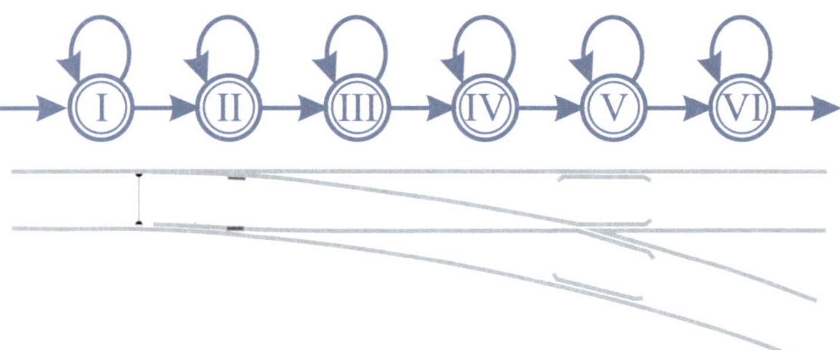

Bild 4.16: HMM-Modellierung der sechs Segmente einer Weiche (s. Kapitel 4.1.2) durch eine lineare Links-Rechts Topologie des HMM. Die doppelten Kreise verdeutlichen, dass es sich um eine Zustandsautomatendarstellung, nicht um ein graphisches Modell handelt.

zeugtrajektorien [Morris u. Trivedi 2008], der Handschrifterkennung [Rodriguez u. Perronnin 2008] oder der Verarbeitung von Zeitreihen [Bengio 1999] Anwendung. Für die Modellierung der vier Weichenbefahrungsklassen wird jedem Zustand des Modells ein Weichensegment zugeordnet. Bild 4.16 zeigt die Verknüpfung von Modellzuständen mit dem zugeordneten Weichenschema in der Darstellungsform endlicher Zustandsautomaten. In dem Bild ist die Abfolge für spitze Befahrungen dargestellt. Die Fahrt „spitz/rechts" unterscheidet sich zu „spitz/links" nur in Zustand V, der für erstere einen Radlenker, für letztere ein Herzstück repräsentiert. Jede Weichenbefahrungsklasse wird somit durch 6 Zustände modelliert, während für die Schwellen- und Fehlerklassen jeweils ein Zustand ausreichend ist.

4.4.2.2 Modelltopologie für die Schritt haltende Signalerkennung

Die Detektion der Weichen erfolgt in einem kontinuierlichen Datenstrom. Für diese Art der Dekodierung muss eine entsprechende Modellstruktur gewählt werden. Neben der Annahme, dass das Signal in M_D mögliche, diskrete und disjunkt erschöpfende Klassen eingeteilt werden kann, wird zusätzlich die Modellierungsannahme getroffen, dass Weichen und andere Infrastrukturbestandteile immer durch, unter Umständen sehr kurze, Schwellenbereiche getrennt sind. Mit diesen Annahmen wird ein Gesamtmodell λ_D aufgebaut, das die verschiedenen Klassen miteinander verknüpft und einen prinzipiell unendlichen Datenstrom erzeugen oder dekodieren kann. HMMs diesen Typs werden als *Verbunderkenner* oder engl. *sentential models* bezeichnet [Levinson 1985]. Die Untermodelle in λ_D werden für die Weichenbefahrungsrichtungen als $\lambda_{1,..,4}$ und für Störungen als $\lambda_{5,6}$ bezeichnet, das verbindende Schwellenuntermodell als λ_S. Das so entstehende Gesamtmodell ist in Bild 4.17 dargestellt. Die modulare Struktur des Modells er-

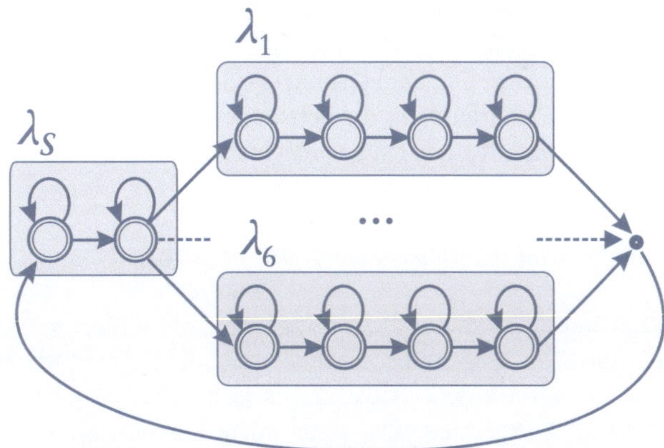

Bild 4.17: Gesamttopologie des Detektions-HMM.

laubt eine einfache Anpassung von λ_D an unterschiedliche Anforderungen, wie das Einbringen zusätzlicher Modelle, die spezielle Weichentypen oder spezifische Störeinflüsse abbilden. Hinzu kommt, dass durch die physikalisch motivierte Modellierung eine kompakte Modellgröße vorliegt, die eine Echtzeitverarbeitung begünstigt. Allerdings müssen neben der Modelltopologie auch die aus dieser folgenden Parameter $\lambda_D = \{\mathbf{A}_D, \mathbf{B}_D, \boldsymbol{\pi}_D\}$ bestimmt werden. Für λ_D wird das Schwellenmodell willkürlich an die erste Stelle der Gesamttransitionsmatrix gestellt. Wird mit den Initialisierungswahrscheinlichkeiten $\boldsymbol{\pi}_D$ als Start der Sequenz das Schwellenmodell definiert, gilt $\boldsymbol{\pi}_D = (1,0,...,0)^T$. Die Transitions- und Emissionsmatrix werden für die Modellierung des Merkmalsraums genutzt, was im Folgenden erläutert wird.

4.4.3 Modellierung des Detektionsmerkmalsraums mit HMMs

4.4.3.1 Modellierung der Signalleistung mit HMMs

Die in Kapitel 4.4.1.2 getroffene Entscheidung für die Kurzzeitleistung als beobachtetes Merkmal führt zu einem Merkmalsvektor $\mathbf{y}_D = (y_1,...,y_L)^T$ der Dimension L. Die Modellstruktur erlaubt hierbei die direkte Nutzung der ermittelten Verteilungen.

Durch die Nutzung des gleitenden Fensters in der Merkmalsvektorberechnung findet eine Komprimierung des Signals $s(x)$ statt, die eine schnellere Berechnung ermöglicht. Die Auflösung wird durch die Überlappung bestimmt und so gewählt, das sie mit der tatsächlichen Ortsauflösung des WSS von ca. 10 cm [Engelberg 2001] übereinstimmt. Die Dichtefunktion des HMM repräsentiert über die Beschreibung der Kurzzeitleistung die Schwankung der Signalvarianz, die wiederum die verschiedenen Realisierungen des Infrastrukturprozesses abbildet.

4.4.3.2 Modellierung der Bauteillänge mit HMMs

Neben der Leistung bildet die örtliche Länge das zweite Merkmal der Weichensegmente. Sie kann im Gegensatz zur Leistung nicht direkt als Merkmal aus dem Signal gewonnen werden. Als exemplarischer Fall soll das Weichenzungensegment in Bild 4.18 dienen. Das abgebildete Leistungssignal ist mit einem Maximum-Likelihood-Schätzer

$$M_D = \arg\max_k \{p(y|\theta_k)\} \tag{4.34}$$

auf Basis der empirisch bestimmten Dichten (s. Tabelle 4.3) für die vier Klassen Schwellen, Zunge, Radlenker und Herzstück segmentiert. Die aufgrund

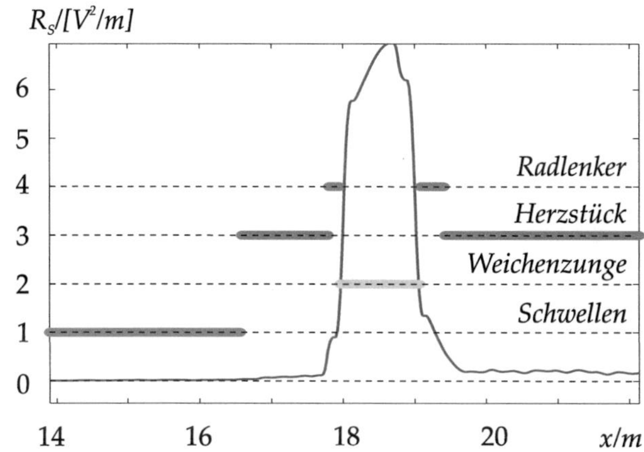

Bild 4.18: Beispiel einer Maximum-Likelihood Segmentierung basierend auf empirisch bestimmten Wahrscheinlichkeitsdichten der Hauptbauteile.

von Filter- und Signalvorverarbeitungseffekten weichen Übergänge der Segmente führen an deren Grenzen zu Falschklassifikationen, die nur im Kontext zusätzlichen Wissens vermieden werden können. Es ist somit nicht möglich, ohne Einbeziehung strukturellen Zusatzwissens die Längen zu bestimmen. Der HMM-Ansatz bietet allerdings eine elegante Lösung, die es ermöglicht, die Länge der Bauteile direkt in die Modellstruktur $\mathbf{A}_D$ zu integrieren. Da die Länge der Verweildauer des Modells in einem Zustand entspricht, wird bei der Dekodierung des HMM (s. Kapitel 4.2.1) implizit diejenige Bauteillänge gewählt, die der Menge aller möglichen Zustandspfade einer Beobachtungssequenz am wahrscheinlichsten zugeordnet werden kann. Die Aufenthaltsdauermodellierung in naiven HMM-Ansätzen ist Gegenstand weitreichender Untersuchungen, da sie aufgrund der Markowketteneigenschaft eine exponentielle Verteilung der Aufenthaltsdauer aufweist, die die tatsächliche Verweilzeit nur unzureichend abbilden kann [Zucchini u. MacDonald 2009]. Eine Möglichkeit der expliziten Aufenthaltsdauermodellierung kann mit *hidden semi Markov models (HSMMs)* erreicht werden. In diesen ist die Aufenthaltsdauer direkt durch eine Wahrscheinlichkeitsfunktion spezifiziert [Guedon 2004]. Für die Berechnung der Vorwärts- $\alpha(t)$ und Rückwärtswahrscheinlichkeiten $\beta(t)$ des HSMM ergibt sich allerdings die Komplexität $\mathcal{O}(N \cdot L \cdot l_{max}^2)$, für Sequenzlänge L und maximale Verweildauer l_{max}. Mit der gegebenen Problemstellung wäre eine Berechnung somit bereits für kurze Weichenbereiche nicht mehr praktikabel ($l_{max} > 200$). Ein alternativer Ansatz besteht in der Erweiterung der Modellzustände $q_t = i$ durch k Unterzustände, die sich durch identische a_{ii} und $b_i(.)$ auszeichnen. Das resultierende Modell ist in Bild 4.19 gezeigt. Mit dieser Erweiterung entspricht die Verweildauer dem

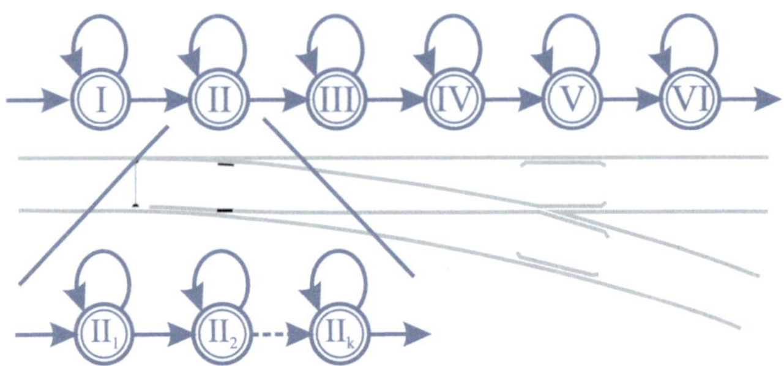

Bild 4.19: Aufenthaltsdauermodellierung durch Ersetzen der ursprünglichen Modellzustände mit mehreren, identischen Unterzuständen.

Ziehen von k unabhängigen, geometrisch verteilten, Zufallsvariablen. Die ursprüngliche exponentielle Aufenthaltsdauerwahrscheinlichkeit, die die Segmentlänge l_B repräsentiert, wird dadurch in eine negative Binomialverteilung mit

$$P(l_B = x) = \binom{x-1}{k-1} p^k (1-p)^{x-k} \tag{4.35}$$

überführt [Bilmes 2006]. $P(l_B = x)$ beschreibt die Wahrscheinlichkeitsverteilung für x Zeitschritte in einem Zustand zu sein, bevor k Erfolge in einem Bernoulliexperiment auftreten. Die Größe p ist die Erfolgswahrscheinlichkeit des Experiments und kann für einen gegebenen Zustand $q_t = i$ als Funktion von a_{ii} berechnet werden. Mit Hilfe der Formel zur Berechnung des Erwartungswertes der geometrischen Verteilung

$$E_{\text{geo}}\{l_B\} = \frac{1}{(1 - a_{ii})} \tag{4.36}$$

wird dieser für die Maximumposition der in Gleichung 4.22 modellierten Gauß- oder Log-Normalverteilung berechnet werden. Mit dem Erwartungswert der negativen Binomialverteilung

$$E_{\text{negbin}}\{l_B\} = k\,(1 - E_{\text{geo}}\{l_B\}), \tag{4.37}$$

folgt daraus die dazugehörige Selbsttransitionswahrscheinlichkeit a_{ii} der Unterzustände als Funktion des Parameters k. Die Anzahl und Anordnung der Unterzustände erlaubt eine flexible Modellierung unterschiedlicher Verteilungsfunktionen durch die Struktur des HMM, was exemplarisch in Bild 4.20 verdeutlicht

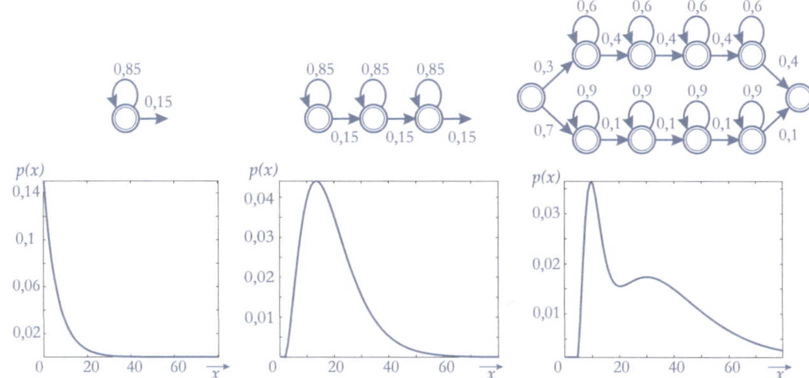

Bild 4.20: Modellierung der Aufenthaltsdauer durch Variation der Selbsttransitionswahrscheinlichkeit a_{ii} und Anzahl der Unterzustände k. Gezeigt ist die geometrische Verteilung, die Summe geometrischer Verteilungen und eine Mischung der Summen geometrischer Verteilungen.

ist. Die Approximation der ermittelten Gaußdichten durch die negative Binomialverteilung wird durch eine entsprechende Unterzustandszahl mit $k > 5$ erreicht und führt zu einem maximalen Fehler von 0,7% [Sachs 2004]. Nachteilig wirkt sich aus, dass die Erweiterung der Zustände zu einer Vergrößerung des Gesamtmodells führt, die sich allerdings nur linear mit der Zustandsanzahl N auf die Komplexität der Inferenzalgorithmen auswirkt.

4.4.4 Dekodierung der WSS-Signale

Nachdem die Modelltopologie und die Parameter des Detektions-HMM λ_D bestimmt wurden, erfolgt die Dekodierung der WSS-Signale. Für die Anforderung einer wirbelstromsensorbasierten Weichenerkennung mit dem Ziel der aktuellen Positionsbestimmung muss ein Datenstrom Schritt haltend dekodiert werden. Zu diesem Zweck muss der Vektor $\check{W}$ aus gegebenen Beobachtungen y inferiert werden. $\check{W}$ entspricht der wahrscheinlichsten Abfolge der möglichen Detektionsklassen $\check{W} = (W_1, ..., W_n)^{\mathrm{T}}$ innerhalb der beobachteten Sequenz mit Länge L und *a priori* unbestimmter Anzahl Ereignisse n. Der Lösungsraum $\mathcal{W}^*$ umfasst die Menge aller Abfolgen der M_D möglichen Ereignisse in $\mathcal{W}_D$. Damit gilt für das Inferenzproblem

$$\check{W} = \underset{W \in \mathcal{W}^*}{\arg\max} \ P(W|y). \tag{4.38}$$

mit der *a posteriori* Verteilung $P(\mathbf{W}|\mathbf{y})$ als wahrscheinlichste Ereignisfolge bei gegebenem Beobachtungsvektor. Diese kann weiter zu

$$P(\mathbf{W}|\mathbf{y}) = \frac{P(\mathbf{y}|\mathbf{W})P(\mathbf{W})}{P(\mathbf{y})} \qquad (4.39)$$

umgeformt werden. In dieser Gleichung wird die unbekannte Likelihood $P(\mathbf{y}|\mathbf{W})$ wiederum durch ein Modell, im gegebenen Falle durch das Verbundmodell λ_{D}, mit $P(\mathbf{y}|\lambda_{\mathrm{D}})$ approximiert. Die *a priori* Verteilung $P(\mathbf{W})$ kann prinzipiell genutzt werden, um zusätzliches Vorwissen in die Dekodierung einzubringen, das aber für die Weichendetektion nicht vorhanden ist. Die Inferenz der wahrscheinlichsten Ereignisabfolge erfolgt nicht mit dem bereits in Kapitel 4.2.1 vorgestellten *sum-product* Algorithmus, da dieser trotz minimaler Symbolfehlerrate, d. h. den individuell wahrscheinlichsten Zuständen, zu unzulässigen Zustandsübergängen führen kann [McKay 2003]. Da ein wichtiger Teil der inferierten Ereignisse in der korrekten Abfolge der Zustände innerhalb der Untermodelle und letztendlich in der dadurch abgebildeten, strukturspezifischen Information besteht, erfolgt die Dekodierung in der vorliegenden Arbeit mit dem *max-sum* oder *Viterbi*-Algorithmus [Viterbi 1967], der den MAP Schätzwert für den minimalen Sequenzfehler liefert [Cappé u. a. 2005]. Durch die Annahme, eine Beobachtungssequenz der Länge L sei genau durch einen der Q^L möglichen Pfade erzeugt worden, folgt aus der Maximierung der *a posteriori* Wahrscheinlichkeit die *optimale Zustandsfolge* $\mathbf{q}^*$ mit

$$p(\mathbf{y}, \mathbf{q}^*|\lambda) = \max_{\mathbf{q} \in \mathcal{Q}^L} p(\mathbf{y}, \mathbf{q}|\lambda). \qquad (4.40)$$

Die Berechnung der Folge basiert im Gegensatz zu den in Anhang A.3.1 vorgestellten Berechnungen der Vorwärtswahrscheinlichkeiten $\alpha_x(j)$ an der Stelle x auf der Maximierung der Wahrscheinlichkeiten

$$\vartheta_1(j) = \max\{p(\mathbf{y}_1...\mathbf{y}_x, q_1...q_x|\lambda) \,|\, \mathbf{q} \in \mathcal{Q}^x\} \,\mathrm{mit}\, q_x = j, \qquad (4.41)$$

unter der Randbedingung, dass der aktuell eingenommene Zustand j entspricht. Die Berechnung der Wahrscheinlichkeiten erfolgt mit dem Viterbi-Algorithmus, dessen Realisierung sich in Anhang A.3.2 findet. Für die Dekodierung muss zusätzlich eine Rückverzweigungsmatrix angelegt werden, an Hand derer der wahrscheinlichste Pfad in der Menge aller möglichen Pfade ermittelt wird. Die optimale Zustandsfolge $\mathbf{q}^*$ unterscheidet sich hierbei von den Produktionswahrscheinlichkeiten in Gleichung 4.25 sobald mehrere $\mathbf{q}$ größer null existieren. Der Viterbi-Algorithmus ist immanenter Weise ein Schritt haltendes Verfahren. Allerdings kann die aktuell wahrscheinlichste Zustandsfolge für eine gegebene Sequenz durch zusätzliche Information neu bewertet werden, was in einer Änderung der Zustandsfolge resultieren kann. Dieser Sachverhalt soll in Bild 4.21 verdeutlicht werden.

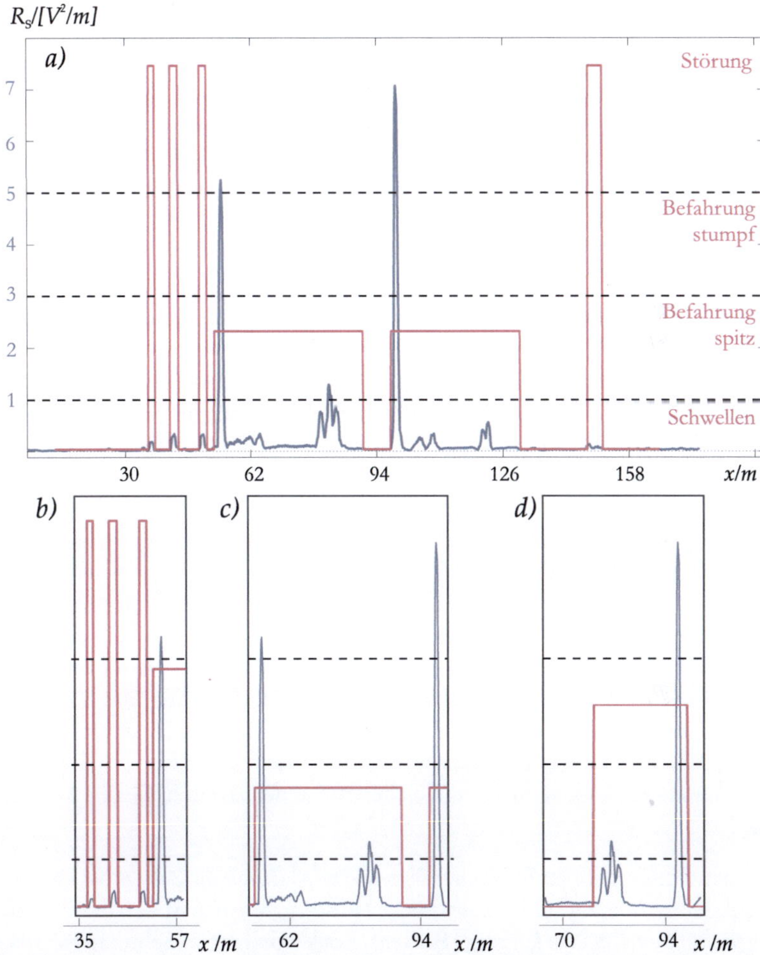

Bild 4.21: Beispiele für die Abhängigkeit detektierter Ereignisse von der betrachteten Sequenzlänge L_F. Bildausschnitt *a)* zeigt die korrekt segmentierten Ergebnisse unter Betrachtung der gesamten Sequenz. Bildausschnitt *b)* verdeutlicht die Änderung der Zustandsfolge $q^*(t)$ aufgrund zusätzlicher Information. In Bildausschnitt *d)* ist eine nicht existente Weiche gezeigt, die durch eine ungünstig gewählte Fensterlänge resultiert (Die korrekt erkannte Weiche ist in Bildausschnitt *c)* dargestellt).

Dieses Verhalten stellt keine Schwierigkeit für die Nutzung in der automatischen Kartenerstellung [Hensel u. Hasberg 2009b] oder nachträglichen Fahrwegverfolgung [Hasberg u. Hensel 2010b] dar, da der dort genutzte Beobachtungsvektor bereits die gesamte verfügbare Information enthält. Für die Schritt haltende Dekodierung auf einem Schienenfahrzeug ist diese Voraussetzung allerdings nicht gegeben. Um neben der Aktualität eine Echtzeitfähigkeit der kontinuierlichen Detektion zu gewährleisten, muss die Beobachtungssequenz y_D in ihrer Länge beschränkt werden. Dies wird erreicht, indem die Sequenz auf ein Datenfenster der Länge L_F begrenzt wird. Eine konstante Fensterlänge L_F führt allerdings zu einem örtlichen Zuordnungsproblem, da unter Umständen mit neuer Information eine neue wahrscheinlichste Zustandsfolge vorliegt, die dann abweichende Ereignisse oder Weichenpositionen zur Folge hat. Der Bildausschnitt 4.21 a) stellt den Merkmalsvektor y_D für die Überfahrung eines Bahnüberganges und zweier Weichen dar. Die rote Linie zeigt das Ergebnis der HMM-Dekodierung unter Berücksichtigung der kompletten Sequenz und indiziert über die Höhe die korrekt erkannten Weichen. Für die Unterscheidung in „spitz/stumpf" sind jeweils die zwei Weichenuntermodelle $\lambda_{1,2}$ und $\lambda_{3,4}$ zusammengefasst. Die durch den Bahnübergang induzierten Leistungsspitzen werden korrekt als Störungen erkannt, die durch die Modelle λ_5 und λ_6 abgebildet werden. Die untere Hälfte des Bildes verdeutlicht das Zuordnungsproblem der Detektionen bei konstantem oder zu kurzem L_F. Bildausschnitt b) von Meter 35 bis 60 zeigt, dass die Weiche anfangs als stumpf erkannt wird und erst durch zusätzliche Information in Form des zweiten Weichenhauptbauteils die Beurteilung in spitz geändert wird, was der mittlere Ausschnitt c) von Meter 60 bis 97 zeigt. Trotz der Änderung bleibt die Position der Weiche gleich, allerdings wird zunächst das Weichenende und mit neuer Information der Weichenanfang markiert. Wird das Fenster des mittleren Ausschnittes verschoben, folgt eine neue Zustandsbewertung, die im letzten Signalausschnitt, gezeigt in Bild 4.21 d), für Meter 67 bis 100 dargestellt ist. In diesem Falle wird eine real nicht vorhandene Weiche detektiert, indem der Radlenker der ersten Weiche mit der Weichenzunge der zweiten Weiche kombiniert wird.

Die Vermeidung der beschriebenen Effekte wird durch eine adaptive Fenstergrößenanpassung erreicht. Die Auswahl der Fenstergröße macht sich das Prinzip der *schritthaltenden Rückverfolgung* [Bezie u. Lockwood 1993; Schukat-Talamazzini 1995] zu Nutze, das in Bild 4.22 dargestellt ist. Das Bild zeigt ein über den Ort abgerolltes Zustandsübergangsdiagramm, ein sog. Trellis-Diagramm [Booth 1967]. Die rot markierte Linie stellt die an der Stelle $x = x''$ optimale Zustandsfolge dar. Alle anderen möglichen Pfade durch das gezeigte Trellis-Diagramm, die an der Stelle x'' enden, nehmen ihren Ursprung an nur einem Zustand der Stelle x'. Dieser Zustand ändert sich nicht mehr durch zusätzliche Information, sodass

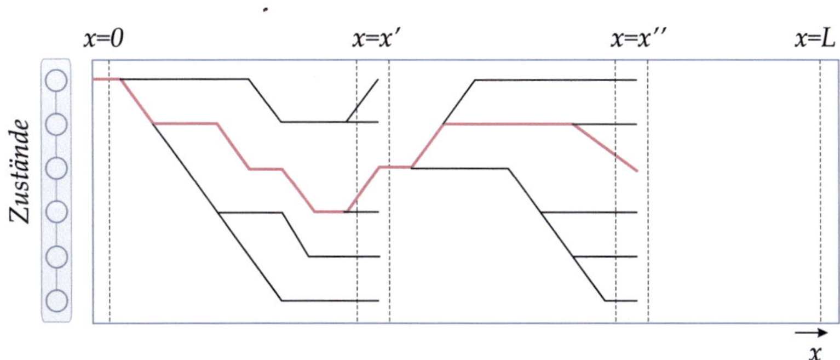

Bild 4.22: Veranschaulichung der schritthaltenden Rückverfolgung. Alle möglichen Pfade des Zustandsübergangsdiagramms, die an der Stelle x'' enden, haben ihren Ursprung im dritten Zustand an der Stelle x'. Somit hat die Information nach x' keinen Einfluss auf die Zustandsfolge vor x', die vor Beendigung der Sequenz bereits festgelegt ist.

vorzeitig die Zustände der Folge von $x = 0$ bis zur Stelle x' global feststehen. Das Ziel für die Dekodierung der WSS-Signale besteht nun darin, die Fenstergröße und Position so zu wählen, dass ein Umspringen der Zustandsfolge vermieden wird. Für die Fenstergröße wird als erste Randbedingungen eine Mindestlänge definiert, die in Abhängigkeit der gegebenen Streckentopologie gewählt werden sollte. Ein Beispiel stellt $L_\mathrm{F} > 100$ m dar, was in etwa der Länge drei eng aufeinanderfolgenden Weichen entspricht. Wird zusätzlich gefordert, dass Beginn und Ende des Fensters mit einer Mindestlänge von 10 m in dem Schwellenmodell λ_S liegen, können bereits die beschriebenen Fehlzuordnungen vermieden werden, da in dem beschriebenen Verbundmodell die Schwellenbereiche Start- und Endpunkt möglicher Verzweigungen darstellen. Die Berechnung der Vorwärtswahrscheinlichkeiten innerhalb des variablen Fensters kann unter Nutzung der Markoweigenschaft effizient auf inkrementelle Weise erfolgen, so dass nur eine neue Pfadbewertung mit Hilfe einer neuen Rückverzweigungsmatrix durchgeführt werden muss. Durch die adaptive Anpassung von L_F kann die Fenstergröße in ereignisreichen Streckenabschnitten, wie beispielsweise Bahnhöfen mit mehreren Gleisen und Abstellbereichen stark anwachsen[7]. Ebenfalls zu beachten ist, dass, obwohl zu jedem Zeitpunkt der wahrscheinlichste Pfad ausgegeben werden kann, ein endgültig verwendbares Ergebnis erst mit der Verzögerung L_F zur Verfügung steht, wenn ein Umspringen des Pfades explizit ausgeschlossen werden soll.

---

[7]Für reale Bahnhöfe im Albtal wird die Fensterlänge von 100 Metern nicht überschritten. Auswertungen für komplette Bahnhofssequenzen zeigen aber, dass bis zu einer Länge von 800 Metern die Echtzeitberechnung auf einem Rechner mit 1 GHz Taktfrequenz und 2 GByte RAM in MATLAB möglich ist.

Mit Auswertung der *a posteriori* Dichte $P(W|y_\mathrm{D})$ werden die erkannten Weichenbefahrungen und die aus der Befahrungsrichtung folgende Position des Weichenanfangs als Detektionsergebnis ermittelt. Das Resultat ist eine Menge von Weichenereignissen W_Detekt, in der die Weichenanfänge, sortiert nach dem Zeitpunkt[8] der Überfahrung, für die beobachtete Sequenz ausgegeben werden.

4.4.5 Zusammenfassung Weichendetektion

Das erstellte Gesamtmodell λ_D nutzt das in Kapitel 4.1.2 beschriebene Signalentstehungsmodell der Weichen. Die Merkmale stellen Zufallsvariablen dar, da die Weichensegmente jeweils eine Realisierung des Infrastrukturprozesses $\{S_{\mathrm{r},x}\}$ darstellen und eine Realisierung aus $\{S_x\}$ mit zusätzlichen Störungen durch den Kanal und die Rücktransformation in den Ortsbereich beaufschlagt werden. Das HMM bildet die gesamte Information in unterschiedlichen Modellbestandteilen ab. Während jeder Zustand des HMM einem Weichensegment entspricht und somit die strukturelle Abfolge kodiert, werden die signalspezifischen Merkmale mit Hilfe der Transitions- und Emissionsmatrix abgebildet. Die momentane Leistung der Weichensegmente wird durch parametrisierte Dichten in den Emissionsdichten beschrieben, die Segmentlänge in der Transitionsmatrix durch die Verwendung segmentspezifischer Unterzustände. Diese Formulierung führt zu einer Gesamtbetrachtung der Weichenmerkmale im Dekodieralgorithmus, der implizit die wahrscheinlichste Zustandssequenz für alle möglichen Abfolgen der Merkmale findet.

4.5 Klassifikation von Eisenbahnweichen

Das Ergebnis der Weichendetektion, d. h. der Zeitpunkt des erkannten Weichenanfangs, ist in Kombination mit einer Karte ausreichend, um Positionskorrekturen durchzuführen [Schnieder u. a. 2009; Hensel u. Hasberg 2010]. Aufgrund der großen Ähnlichkeit der Signale von Herzstück und Radlenker, die zu einer Überlappung im Merkmalsraum führt, ist die Weichendetektion allerdings nicht ausreichend, um eine gleisgenaue Ortung mit hoher Güte oder ausreichender Sicherheit zu realisieren. Die zusätzliche Klassifikation der extrahierten Mustersignale macht sich die hohe Intraklassenvarianz der Weichen zunutze. Die eindeutige Klassifizierung einer Weiche und ihrer Befahrung ermöglicht eine *globale* Lokalisierung in einer Karte. Grundlage der Klassifikation bilden die in der

---

[8] Alternativ können auch Streckenkoordinaten oder die Anzahl passierter Schwellen verwendet werden.

Detektion extrahierten Signalbereiche im Ortssignal, die für jedes detektierte Ereignis i die Realisierung eines Zufallsvektors darstellen. Es bezeichne x_i die Position des i-ten Weichenanfangs und Δ_i die Länge der Weiche, dann gilt für die extrahierte Sequenz $\mathbf{s}_i = (s(x_i), ..., s(x_i + \Delta_i))$, $i \in \mathbb{N}$. Die Länge der Weiche ergibt sich hierfür durch den jeweils letzten Zustand des in der Detektion zugeordneten Weichenbefahrungsmodells $\lambda_{1,...,4}$.

Die Annahmen und Verfahren für Detektion und Klassifikation gleichen sich konzeptuell, unterscheiden sich jedoch deutlich in der Wahl des Merkmalsvektors und der Modelltopologie [Kil u. Shin 1996]. Während die Detektion Unterschiede zwischen „Weiche" und „nicht Weiche" formalisiert, sollen in der Klassifikation durch Modellstruktur und Merkmalsextraktion die Intraklassenunterschiede der Weichen klar herausgestellt werden. Die Menge der Klassen in $\mathcal{W}_K = \{W_1, ..., W_{M_K}\}$ umfasst die möglichen Weichenbefahrungsrichtungen jeder Weiche, so dass für die Anzahl $M_K = 4 \cdot M$ bei gegebenen M Weichen gilt. Jeder Klasse wird entsprechend ein HMM $\Lambda_m = \{\mathbf{A}_m, \mathbf{B}_m, \pi_m\}$ zugeordnet, mit $m = (i, j)$ gegeben $i = 1, ..., M$ und $j = 1, ..., 4$.

4.5.1 Modelltopologie

Die in der Detektion extrahierten Sequenzen $\mathbf{s}_i$ repräsentieren jede für sich einen zeitlich geordneten, diskreten Prozess. Auch in der Klassifikation wird daher für die HMMs eine lineare Links-Rechts Topologie gewählt. In der Detektion wird die Modellstruktur stark von dem physikalischen Aufbau der Weichen beeinflusst, der einen wichtigen diskriminativen Beitrag gegenüber anderen Infrastrukturbauteilen leistet. In der Klassifikation ist dagegen die Grundstruktur der Modelle für alle Klassen gleich. Die Ähnlichkeit der Weichen untereinander spiegelt sich allerdings in der Notwendigkeit wider, eine deutlich höhere Zustandsanzahl N_m für die jeweiligen Λ_m verwenden zu müssen.

4.5.2 Merkmalsextraktion

Die Merkmalsextraktion für die Klassifikation erfolgt im einfachsten Fall direkt durch die Wahl der Sequenz $\mathbf{s}_i$ als Merkmal, die als Ortssignal vorliegt. Alternativ werden die in Kapitel 4.3 beschriebenen Merkmalsvektoren oder Kombinationen von diesen verwendet, was zu den Beobachtungen $\mathbf{Y}_{\text{Klass}} = (y_1, ..., y_L)$ führt. Ein Nachteil höherdimensionaler Merkmalsvektoren liegt, unter anderem, in dem Mehraufwand für die Schätzung der Modellparameter. Die Dimension der Merkmale stellt ein wichtiges Entscheidungskriterium für die in dieser Arbeit getroffene Wahl der Modellierung dar, da möglichst wenig Trainigssequenzen für die Parameterschätzung genutzt werden sollen. Die Klassifikation benötigt daher einen kompakten Merkmalsvektor mit ausreichend diskriminativen Eigenschaften. Die Auswahl von Merkmalen (engl. *feature selection*) erfolgt üblicherweise durch Merkmalsrangordnungen (engl. *feature rankings*) [Kil u. Shin 1996], die mit Kreuzvalidierungsverfahren (engl. *cross validation*) erstellt werden [Duda u. a. 2001; Hastie u. a. 2001; Bishop 2006].

Neben der Auswahl der Merkmale muss auch die Emissionsmatrix der Klassifikations-HMMs spezifiziert werden. Die Klassifikation unterscheidet sich hierbei deutlich von der Detektion, da neben dem Übergang von univariaten zu multivariaten Verteilungen auch die Normalverteilungsannahme der Merkmale nicht mehr getroffen werden kann. Um eine Approximation der wahren Verteilung zu erhalten, werden mit Gaußmischmodellen parametrisierte Wahrscheinlichkeitsdichtefunktionen gewählt, die eine genügende Modellierungsmächtigkeit bei gleichzeitig einfacher Integrierbarkeit in den HMM-Ansatz aufweisen [Huang u. a. 2001].

4.5.3 HMM-Modellierung der Klassifikationsmerkmale

In Kapitel 4.4.2 konnte die Annhame normalverteilter Merkmale getroffen werden. Dadurch wird die „Verschmierung" abgebildet, die aus der Überlagerung mehrerer Realisierungen der Weichensegmente folgt. Der Verzicht auf exaktere Verteilungsfunktionen ermöglicht die Ballung der Signale einzelner Weichenbefahrungsrichtungen, von Schwellenbereichen und anderer Infrastrukturbauteile. Für die Unterscheidung einzelner Weichen in der Klassifikation werden die extrahierten Merkmalsvektoren durch *Gaußmischverteilungen (GMVs)* modelliert.

Gaußmischverteilungen

Eine GMV besteht aus der Summe von K Normalverteilungen, die mit dem Gewichtungsvektor $c = (c_1, ..., c_K)^{\mathrm{T}}$ gewichtet werden. Sie repräsentieren, wie HMMs, einen zweistufigen stochastischen Zufallsprozess und sind durch

$$p(y) = \sum_{k=1}^{K} c_k \, \mathcal{N}(y|\theta_k) \tag{4.42}$$

definiert, wobei $\theta_k = (\mu_k, \Sigma_k)$ ist und c_k der Forderung nach $\sum_k c_k = 1$ mit $c_k \in [0,1]$ genügt.

Gaußmischverteilungsausgabedichten in HMMs

Werden die Emissionen eines HMM mit GMVs modelliert, erweitert sich das HMM zu einem dreistufigen stochastischen Prozess [Ghahramani 2001; Murphy 2002]. Das entsprechende graphische Modell ist in Bild 4.23 dargestellt.

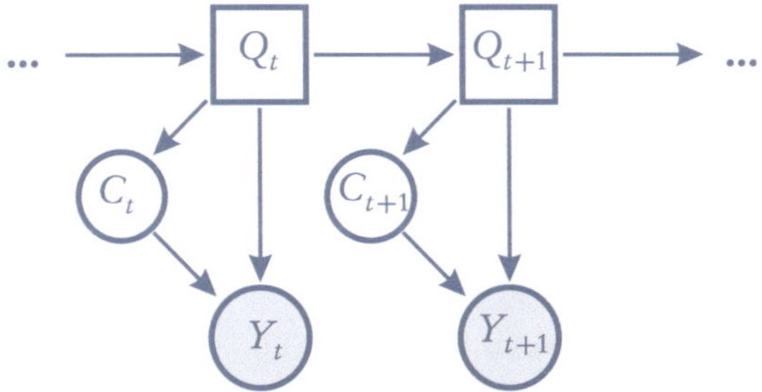

Bild 4.23: Graphisches Modell für HMMs mit Gaußmischverteilungsausgabedichten.

Durch die Möglichkeit der Parameterschätzung für gegebene Daten wurden HMMs mit kontinuierlichen GMVs ausgiebig untersucht und werden in der Literatur als *Continuous-Mixture-HMM (CMHMM)* [Huang u. a. 2001] bezeichnet. Die Fähigkeit von GMVs, bei ausreichender Zahl K der Basisdichten, beliebige Verteilungen approximieren zu können [McLachlan u. Peel 2000], erlaubt die Modellierung der Merkmale einer gegebenen Weichenbefahrung W_m aus $\mathcal{W}_K$. Jedem Zustand j des der Weichenbefahrung zugeordneten HMM Λ_m wird durch die Emissionsmatrix $\mathbf{B}_m$ die Verteilung $b_j(y|\theta_j)$ mit dem spezifischen Parametervektor $\theta_j = (c_j, \mu_j, \Sigma_j)$ zugeordnet. Ein exemplarisches CMHMM mit zwei Zuständen und zwei Mischungskomponenten je Dichte ist in Bild 4.24 gezeigt.

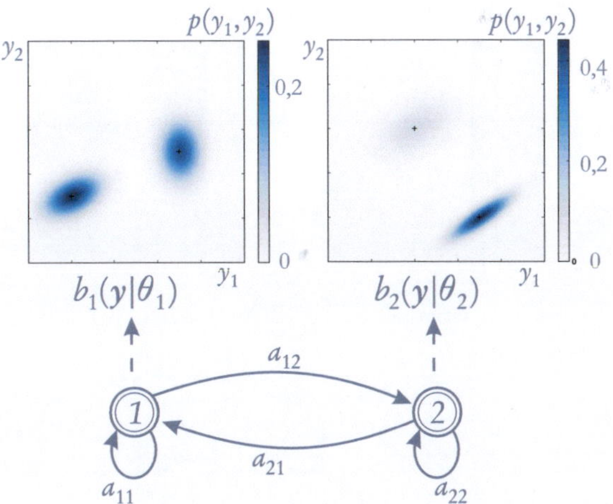

Bild 4.24: Exemplarisches CMHMM mit zwei Zuständen und Gaußmischverteilungen $b_j(y|\theta_j) = \sum_{k=1}^{2} c_{jk} \mathcal{N}(y|\mu_{jk}, \Sigma_{jk})$ als Ausgabedichte, bestehend aus jeweils zwei Mischungskomponenten und einer vollbesetzten Kovarianzmatrix je Zustand.

Nachteilig wirkt sich die große Zahl der zu schätzenden Parameter eines CM-HMM aus. Die Gesamtzahl der zu schätzenden Parameter für die lineare Links-Rechts Topologie mit N Zuständen und K Mischungen je Emissionsdichte beläuft sich bei einem Merkmalsvektor der Dimension D auf $N-1$ Parameter für die Transitionsmatrix sowie $(N \cdot (K-1) + D \cdot N \cdot K + D^2 \cdot N \cdot K)$ Parameter um Emissionsdichten mit vollbesetzter Kovarianzmatrix zu schätzen. Obwohl die Vernachlässigung der Merkmalskorrelationen zu einem nur linearen Anwachsen des letzten Terms führt, sind für ein HMM mit 200 Zuständen, 10 Mischungen und $D=3$ bereits 13800 Parameter zu schätzen.

Semikontinuierliche HMMs

Der rechen- und datentechnische Aufwand eines zu großen Parameterraumes lässt sich durch den Einsatz von *semikontinuierlichen HMMs* (SCHMMs) begrenzen [Huang u. a. 2001]. In dieser Konfiguration wird für alle Zustände des HMM ein gemeinsamer Vorrat an Basisfunktionen für die Mischverteilungen genutzt, deren Parameter aus der gesamten Datenbasis geschätzt werden. Jedem Zustand des SCHMM wird nur noch ein individueller Gewichtungsvektor zugewiesen, wodurch sich der Parametervektor jedes Zustandes auf $\theta_j = (c_j)$ reduziert. Das Prinzip ist in Bild 4.25, wiederum für den Fall zweier Zustände und einem gemeinsamen Vorrat von $K = 8$ Basisdichten, dargestellt.

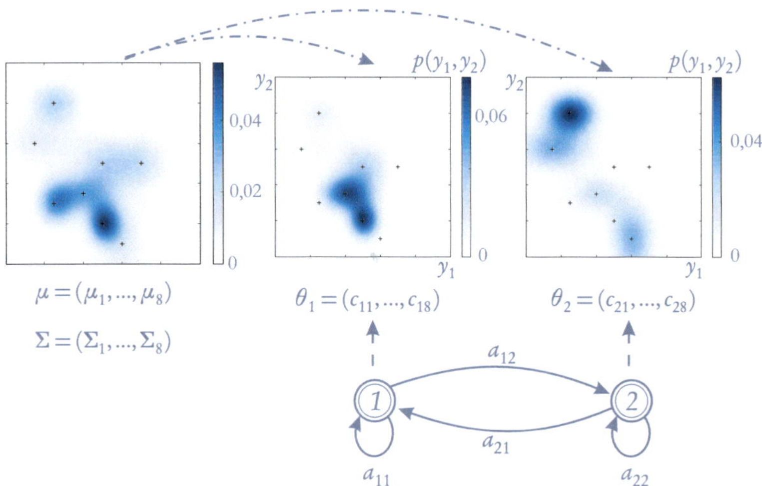

Bild 4.25: Beispiel SCHMM mit 8 Gaußmischungskomponenten. Die Mittelwertvektoren der Basisdichten sind als schwarze Kreuze dargestellt. Für jeden Zustand j wird nur noch der Gewichtungsvektor c_j geschätzt.

Durch dieses „Verkleben" (engl. *parameter tying*) [Bilmes 2006] reduziert sich die Parameteranzahl für diagonal besetzte Kovarianzmatrizen auf $(N \cdot K - 1 + 2 \cdot K \cdot D)$. So sind für ein SCHMM mit 200 Zuständen, 20 Mischungen und $D = 3$ nur 3920 Parameter zu schätzen.

4.5.4 Modellparameterschätzung

Nach der Wahl der Modelltopologie und Modellierung der Emissionsdichten müssen die daraus resultierenden Parameter Λ_m an die zugeordnete Klasse W_m angepasst werden. Die Parameterschätzung für ein allgemeines HMM λ bei gegebenem Beobachtungsvektor y der Dimension L, erfolgt auf Basis der Likelihood

$$p(y|\lambda) = \sum_{q \in \mathcal{Q}^L} p(y, q|\lambda). \tag{4.43}$$

Die für die Schätzung notwendige Maximierung dieser Likelihood ist in geschlossener Form nicht möglich [Bishop 2006] und erfolgt iterativ mit Hilfe des *Expectation-Maximization (EM)* Algorithmus. Dieser stellt ein Verfahren dar, das iterativ einen im Maximum-Likelihood-Sinne optimalen Wert für die Parameter findet [Dempster u. a. 1977]. Die für HMMs abgeleitete Instanz des EM-Algorithmus wird als *Baum-Welch-Algorithmus* [Baum 1972] bezeichnet.

Da es sich um ein iteratives Verfahren handelt, werden die Parameter im Erwartungswert- oder *E*-Schritt des Algorithmus als konstant betrachtet und im Weiteren mit λ' bezeichnet. Mit λ' wird dann die *a posteriori* Verteilung der *latenten* Variablen $p(q|y, \lambda')$ bestimmt. Mit dieser Verteilung wird wiederum der Erwartungswert des Logarithmus der vollständigen Daten aus

$$Q(\lambda, \lambda') = \sum_{q \in \mathcal{Q}^L} p(q|y, \lambda') \cdot \ln p(y, q|\lambda) \tag{4.44}$$

berechnet [Bilmes 1997]. In Gleichung 4.44 bezeichnet $Q(\lambda, \lambda')$ die sog. Q-Funktion. Im Maximierungs- oder *M*-Schritt erfolgt nun die Maximierung dieser Funktion bezüglich der Modellparameter $\lambda = \{\mathbf{A}, \mathbf{B}, \pi\}$ gemäß

$$\lambda = \arg\max_{\lambda} Q(\lambda, \lambda'). \tag{4.45}$$

Der Algorithmus iteriert für die Parameterschätzung solange den *E*- und *M*-Schritt, bis ein Abbruchkriterium erreicht ist. Dieses wird entweder durch eine Schranke festgelegt oder durch den Anstieg der Fehlklassifkationen in einem Validierungsdatensatz. Die Herleitung der Baum-Welch-Gleichungen für HMMs und die Erweiterung auf SCHMMs findet sich in Anhang A.3.3.

4.5.4.1 Parameteranpassung für mehrere Weichensequenzen

Für die Parameterschätzung eines HMM mit linearer Links-Rechts Topologie müssen mehrere Trainingssequenzen genutzt werden [Bishop 2006]. Durch die Zuordnung von U Merkmalsvektoren $\mathcal{Y}_m = \{\mathbf{Y}^1_{\text{Klass},m}, ..., \mathbf{Y}^U_{\text{Klass},m}\}$ zu einer Weiche m, ergibt sich für das betreffende HMM $\mathbf{\Lambda}_m$ das angepasste Schätzproblem

$$p(\mathcal{Y}_m | \mathbf{\Lambda}_m) = \prod_{i=1}^{U} p(\mathbf{Y}^i_{\text{Klass},m} | \mathbf{\Lambda}_m), \tag{4.46}$$

wobei jede Sequenz $\mathbf{Y}^i_{\text{Klass},m} = (y^i_{m,1}, ..., y^i_{m,L_i})$ eine spezifische Länge L_i aufweist. Die Lösung dieses Problems erfolgt durch eine zusätzliche Summation über die Sequenzanzahl und der zusätzlichen Multiplikation eines angepassten Gewichtungsfaktors [Rabiner u. Juang 1993]. Dieses Vorgehen erlaubt eine Parameterschätzung der HMMs mit den letzten U zugeordneten Sequenzen. In dieser Arbeit wird U daher so gewählt, dass eine ausreichende Schätzgenauigkeit erreicht und die Adaption des Modells an sich ändernde Umgebungsbedingungen ermöglicht wird.

Die beschriebene Modellparameterschätzung mit dem EM-Algorithmus erfordert die Initialisierung der Parameter und vorab eine Festlegung der Modellgröße. Die Güte der Initialisierung ist dabei von zentraler Bedeutung für das Klassifikationsergebnis, da das EM-Verfahren einem Gradientenabstieg entspricht, der ausschließlich lokale Maxima berechnet [McLachlan u. Krishnan 1997].

4.5.4.2 Modellwahl

Mit der in Kapitel 4.5.1 gewählten linearen Links-Rechts Topologie entspricht die Anzahl der freien Modellparameter in $\mathbf{A}_m$ dem Rang der Matrix. Während der Rang des Detektions-HMM für eine Schritt haltende Bearbeitung möglichst klein sein soll und letztendlich durch die Abbildung von Verweildauern und den Untermodellen für Weichenbefahrungsklassen definiert wird, ist die Anzahl der Modellzustände N für die Klassifikationsaufgabe nicht ad hoc zu definieren. Erschwerend kommt hinzu, dass Weichen und die diesen zugeordneten Merkmale $\mathbf{Y}_{\text{Klass}} = (y_1, ..., y_L)$ eine unterschiedliche Länge (typischerweise zwischen $L = 1350$ und $L = 1650$) aufweisen und die Zustandsanzahl für jede Klasse individuell bestimmt werden muss. Die Wahl der Zustandsanzahl hat dabei wesentlichen Einfluss auf die Komplexität der Parameterschätzung und die anschließende Modellauswertung. Das Finden der Zustandsanzahl ist Gegenstand der Modellwahl (engl. *Model selection*) [Hastie u. a. 2001], deren Ziel es ist, dasjenige Modell zu wählen, welches eine ausreichende beschreibende Mächtigkeit bei gleichzeitig möglichst geringer Parameterzahl aufweist (das Prinzip ist als *Ockham's Razor*[9] [Jaynes 2003] bekannt). Das Gleichgewicht (engl. *Bias-Variance-Tradeoff*) zwischen einer zu hohen Modellspezialisierung (engl. *over-fitting*) und einer zu schwachen Generalisierungsfähigkeit kann durch mehrere Ansätze erreicht werden.

Ist eine große Anzahl Trainingssequenzen vorhanden, so wird diese in Test-, Validierungs- und Trainingsmenge aufgeteilt und eine *Kreuzvalidierung* durchgeführt [Duda u. a. 2001; Hastie u. a. 2001]. Eine Erweiterung wird bei einer zu geringen Anzahl der Trainingssequenzen benötigt. In der *k-fachen Kreuzvalidierung* werden die zur Verfügung stehenden U Sequenzen in k Untergruppen aufgeteilt und anschließend k Klassifikationsläufe durchgeführt, in denen jeweils die Untergruppen neu partitioniert werden [Picard u. Cook 1984; Hastie u. a. 2001]. Das Endergebnis der Klassifikation ergibt sich dann aus dem arithmetischen Mittel der einzelnen Durchläufe.

Alternative Verfahren zur Modellwahl, die ebenfalls für eine geringe Datenbasis geeignet sind, bilden die analytischen Modellwahlverfahren, die das Modell in Abhängigkeit einer Verlustfunktion wählen. Diese beschreibt die Güte des Modells anhand eines Fehlermaßes, für das sich im Falle der HMMs die logarithmierte Likelihood (*Loglikelihood*) $\mathfrak{L}(y, \Lambda)$ mit

$$\mathfrak{L}(y, \Lambda) = \log(p(\Lambda|y)) \tag{4.47}$$

eignet [Cappé u. a. 2005; Zucchini u. MacDonald 2009]. Der Verlustfunktion wird ein Strafterm für zu hohe Komplexität gegenübergestellt, der von dem verwendeten Verfahren abhängt und eine Überanpassung verhindern soll.

4.5.4.3 Erstellung und Initialisierung der Transitionsmatrix

Grundlage der Überlegungen zur Bestimmung der Transitionsmatrix bildet die Frage, wie viele Zustände N mindestens notwendig sind, um die Beobachtungen $Y_{\text{Klass},m}$ zu erklären. Mit der Annahme bedingt unabhängiger Beobachtungen $P(Y_x = y|Q_x = j) = g(y|\theta_j)$, die der gleichen Verteilungsfamilie $g(.)$ angehören, richtet sich die Anzahl der freien Parameter des HMM nach der Ordnung der zugrundeliegenden Markowkette $\{Q_x\}$ [McKay 2002; Cappé u. a. 2005; Zucchini u. MacDonald 2009]. In der vorliegenden Arbeit werden drei analytische Kriterien für die Wahl der Zustandsanzahl betrachtet.

---

[9]Wilhelm von Ockham (*1285 †1347): *pluralitas non esta ponenda sine necessitate.* - „Entitäten sollten nicht ohne Notwendigkeit eingeführt werden."

Das *Akaike information criterion (AIC)* führt einen zusätzlichen Strafterm 2 N für die Anzahl der Modellparameter ein und optimiert die Modellgröße anhand informationstheoretischer Maße [Akaike 1974, 1987]. Nachteil dieser Formulierung ist allerdings, dass die Datenbasis, im gegebenen Falle repräsentiert durch die mittlere Sequenzlänge $\overline{L}$ aller einer Klasse zugeordneten Sequenzen, nicht in die Bewertung mit eingeht. Dies wird durch die Erweiterung des Strafterms nach Sugiura [Sugiura 1978] erreicht. Mit diesem gilt für N freie Parameter AIC_C:

$$\text{AIC}_\text{C} = \underbrace{-2 \cdot \mathcal{L}(y, \Lambda) + 2N}_{AIC} + \frac{2N(N+1)}{\overline{L} - N - 1}. \tag{4.48}$$

Das *Bayesian information criterion (BIC)* nach [Schwarz 1978] (Details s. [Spiegelhalter u. a. 2002; Jaynes 2003]) definiert $N \log(\overline{L})$ als Strafterm, was zu

$$\text{BIC} = -2 \cdot \mathcal{L}(y, \Lambda) + N \log(\overline{L}) \tag{4.49}$$

führt. Für alle Kriterien wird die Likelihood als Mittelwert der Individuallikelihoods mit

$$p(\Lambda|y) = \frac{1}{U} \sum_{i=1}^{U} p(y^i|\Lambda) \tag{4.50}$$

definiert. Die Ergebnisse einer exemplarischen Modellgrößenschätzung für experimentell gewonnene Daten zweier Weichen ist in Tabelle 4.4 aufgeführt. Für die mittlere Sequenzlänge gilt $\overline{L}_1 = 472{,}1$ und $\overline{L}_2 = 493{,}7$.

Tabelle 4.4: Ergebnisse analytischer Modellwahlverfahren für zwei Beispielweichenklassen mit $\overline{L}_1 = 472{,}1$ und $\overline{L}_2 = 493{,}7$ (Minimalwerte der Spalten sind fett dargestellt).

	Weichenklasse 1			Weichenklasse 2		
Anzahl Zustände	AIC	AIC_C	BIC	AIC	AIC_C	BIC
100	2822	2876	2809	3738	3789	3807
150	**2660**	2800	**2760**	3646	3778	3749
175	2686	2893	2803	3544	**3737**	3664
190	2694	3190	2821	**3504**	3743	**3635**
200	2676	2889	2810	3524	3798	3662
250	2780	3345	2947	3596	4114	3768

Tabelle 4.4 verdeutlicht, dass die drei analytischen Modellwahlverfahren vergleichbare Ergebnisse liefern. Überraschend ist die hohe Abweichung der Zu-

standsanzahl für eine ähnliche Sequenzlänge, die auf die unterschiedliche Ausprägung der Weichen zurückzuführen ist. Problematisch ist die geringe ermittelte Zustandsanzahl für die betrachtete Weichenklasse 1. Obschon die Werte für eine Untermenge vorhandener Trainingssequenzen und Weichenklassen entstanden sind, kommt es zum Ansteigen des Klassifikationsfehlers für Modellgrößen $N \leq 150$ [Hetzer 2008]. Hauptnachteil der vorgestellten analytischen Modellwahlverfahren ist die Notwendigkeit, die Likelihood für jede Zustandsanzahl neu zu berechnen, da dies mit dem jeweiligen Training der Modelle einhergeht. Die Auswertung einer k-fachen Kreuzvalidierung gestaltet sich mit der vorliegenden Komplexität ebenfalls als unpraktikabel.

Für das Problem der Zustandsanzahl der Weichenklassifikationsmodelle wurde daher eine Abschätzung der Modellgröße entworfen, welche die Anzahl der Zustände für jedes Modell Λ_m als Funktion der mittleren Sequenzlänge $\overline{L}_m$ der Klasse m wählt. Man nutzt dabei aus, dass die Anzahl der im Modell passierten Zustände binomialverteilt ist. Die Abschätzung basiert dann auf den ersten beiden Momenten der Binomialverteilung. Für die Berechnung der Wahrscheinlichkeit, nach x Versuchen $\overline{L}$ Erfolge zu erzielen, wird das Verlassen eines Modellzustandes als Erfolg mit der Wahrscheinlichkeit $1-a_{ii}$ und die Anzahl der Experimente als Länge der beobachteten Sequenz definiert. Damit gilt

$$P(X=x) = \binom{\overline{L}}{x} a_{ii}^{\overline{L}-x} (1-a_{ii})^x. \tag{4.51}$$

Über den Erwartungswert dieser Verteilung wird abgeschätzt, welchen Zustand das Modell bei gegebener Sequenzlänge und Selbsttransitionswahrscheinlichkeit einnimmt. Dadurch wird sichergestellt, dass die verwendeten Modellparameter vollständig genutzt werden, da bei zu großen Modellen nicht alle Zustände besucht werden, während zu kleine Modelle im jeweils letzten, absorbierenden Zustand verharren. Definiert man die gewünschte Zustandsanzahl N über den Erwartungswert und addiert die zweifache Standardabweichung, gilt

$$N = \mathrm{E}\{X\} + 2\sqrt{\mathrm{var}\{X\}} = \overline{L}(1-a_{ii}) + 2\sqrt{\overline{L}\,a_{ii}(1-a_{ii})}. \tag{4.52}$$

Mit dieser Gleichung kann die Anzahl der Zustände als Funktion der Selbsttransitionswahrscheinlichkeit abgeschätzt werden, ohne die Likelihoodfunktion zu berechnen.

Für die beiden Befahrungsbeispiele in Tabelle 4.4 erhält man mit den mittleren Sequenzlängen $\overline{L}_1 = 472{,}1$ und $\overline{L}_2 = 493{,}7$ sowie der Übergangswahrscheinlichkeit $a_{ii} = 0{,}6$ Für die Zustandsanzahl die Werte $N_1 = 187$ $N_2 = 195$. Die Abschätzung wurde mit der Addition der 2σ-Umgebung bewusst konservativ gewählt, um einen Anstieg des Klassifkationsfehlers durch zu kleine Modelle zu verhindern. Die Wahl der Selbsttransitionswahrscheinlichkeiten $a_{ii} = 0{,}6$ erfolgt dabei in Anlehnung an die analytischen Ergebnisse und Voruntersuchungen mit Kreuzvalidierungsverfahren (s. Anhang A.4).

4.5.4.4 Initialisierung der Emissionsdichten

Für die Initialisierung der globalen Basisdichten des SCHMM wird für die extrahierten Merkmale eine Vektorquantisierung auf Basis des *k-means* Algorithmus [MacQueen 1967; Lloyd 1982] durchgeführt. Der *k-means* Algorithmus bildet den Merkmalsvektor der Dimension L auf K vorzugebende Klassen ab, die der Anzahl der verwendeten Basisdichten der Emissions-GMVs entsprechen. Die Anzahl dieser initialen Klassen muss vor Beginn mit Mitteln der Modellwahl bestimmt werden. Ist K festgelegt, wird ein D-dimensionaler Vektor μ_k^{ini} mit $k = \{1, ..., K\}$ erstellt, der die Mittelpunkte der noch zu bestimmenden Datenballungen darstellt. Für die erste Initialisierung verwendet man eine Untermenge der vorhandenen Merkmalspukte [Bishop 2006]. Anschließend wird die Kostenfunktion J_{L} aufgestellt, für die mit der Einführung einer Menge von binären Zuordnungvariablen $r_{lk} \in \{0,1\}$ für jedes y_l

$$J_{\mathrm{L}} = \sum_{l=1}^{L} \sum_{k=1}^{K} r_{lk} \, \| y_l - \mu_k^{\mathrm{ini}} \| \tag{4.53}$$

gilt. Die weitere Zuordnung der Daten erfolgt iterierend, analog dem in Kapitel 4.5.4 vorgestellten EM-Algorithmus. Im *E*-Schritt werden die Merkmalsvektoren mit

$$r_{lk} = \begin{cases} 1 & \text{für } k = \arg\min_j \| y_l - \mu_j^{\mathrm{ini}} \| \\ 0 & \text{sonst} \end{cases} \tag{4.54}$$

dem jeweils nächsten Mittelpunkt μ_k^{ini} zugeordnet. Im *M*-Schritt wird das Maximum von Gleichung 4.53 in Abhängigkeit der Klassenzentren mit

$$\mu_k^{\mathrm{ini}} = \frac{\sum_l r_{lk} \, y_l}{\sum_l r_{lk}} \tag{4.55}$$

berechnet. Nach Erreichen des Abbruchkriteriums werden die so gefundenen μ_k^{ini} als Startwert für die Zentren der Basisdichten verwendet und die initialen Hauptdiagonalen der SCHMM-Kovarianzmatrizen aus den finalen Datenballungen berechnet.

4.5.5 Modellauswertung

Nachdem Modelltopologie, Dichtemodellierung und Zustandsanzahl gewählt und die Modellparameter mit dem Baum-Welch-Algorithmus geschätzt wurden, erfolgt die eigentliche Klassifikation. Hierfür wird dasjenige Modell Λ_m gewählt, welches

$$\Lambda_m^* = \arg\max_m \{P(\Lambda_m|y)\}, \tag{4.56}$$

für die Weichenbefahrung m und die Beobachtungen y maximiert. Das Ergebnis Λ_m^* repräsentiert hierbei eine Weichenbefahrung aus der Menge $\mathcal{W}_K = \{W_1, ..., W_{M_K}\}$ als Klassifikationsergebnis (s. Kapitel 4.2 und Kapitel 4.5), das sich durch die eindeutige Zuordnung der HMMs zu den Weichen mit ihren Befahrungsmöglichkeiten ergibt. Sind alle Ereignisse *a priori* gleich wahrscheinlich, wird die Wahrscheinlichkeit für eine Beobachtungssequenz der Länge L nur durch die Likelihood bestimmt und mit Hilfe des Vorwärts-Algorithmus zu

$$p(y|\Lambda_m) = \sum_{j=1}^{N} \alpha_L(j) \tag{4.57}$$

berechnet. Um den in realen Daten auftretenden sehr geringen Wahrscheinlichkeiten zu begegnen, wird anstelle der Likelihood die *Loglikelihood* $\mathfrak{L}(y, \Lambda_m)$ verwendet.

4.5.6 Zusammenfassung Weichenklassifikation

Im Gegensatz zur Weichendetektion werden in der Weichenklassifikation, abgesehen von der sequentiellen Struktur der Daten, keine spezifischen strukturellen Merkmale der Weichen genutzt. Die einzelnen Klassen repräsentieren global einzigartige Weichen inklusive ihrer Befahrungsrichtung. Die Information wird im WSS-Signal durch die Leistung und deren Verteilung in Frequenzen bzw. Skalen kodiert. Um die intraklassenspezifischen Unterschiede der Weichen abzubilden, werden größere Modelle eingesetzt, deren Parameteranzahl auf Basis der jeweils vorhandenen Sequenzen von Weichenbefahrungen ermittelt wird. Die Anzahl der Sequenzen wird hierfür konstant gehalten, um eine Anpassung an sich ändernde Umgebungsbedingungen zu ermöglichen.

4.6 Experimentelle Ergebnisse der Weichenerkennung

Für eine Validierung der Weichenerkennung wurden die beschriebenen Verfahren zur Detektion und Klassifikation von Weichen in experimentell gewonnenen Sequenzen erprobt. Das verwendete Wirbelstromsensorsystem entspricht in Stand und Ausführung dem in Kapitel 2.2 beschriebenen Aufbau. Das WSS ist an einer Straßenbahn des Typs GT6-80C montiert. Die Daten wurden auf dem Streckennetz der *Albtalbahn* gewonnen [Schnieder u. a. 2009]. Um die Klassifikations-HMMs einzelnen Weichen zuordnen und in der folgenden Lokalisierung nutzen zu können, müssen die Weichen mit eindeutigen Bezeichnern versehen werden. Für das betrachtete Streckennetz, wird das in Tabelle 4.5 gezeigte Nummerierungsschema verwendet.

Tabelle 4.5: Verwendetes Nummerierungsschema für Eisenbahnweichen am Beispiel der Weiche 1090302.

Bedeutung	Ziffern	Beispiel
Bereichs-ID	1	1 = Albtal
Bahnhofs-ID	2	09 = Herrenalb
Weichen-ID	2	03 = Weiche 3
Befahrungsrichtung	2	01 = spitz/links

Die Teststrecke umfasst die sechs Bahnhöfe Busenbach (Bahnhofs-ID=4), Etzenrot (5), Fischweier (6), Marxzell (7), Frauenalb (8) und Bad Herrenalb (9). Die Befahrungsrichtung kodiert von 00 bis 03 die Möglichkeiten „spitz/rechts", „spitz/links", „stumpf/rechts" und „stumpf/links". Start der Messfahrten ist der Bahnhof Ettlingen (3), der allerdings aufgrund der Straßenbahnstartposition am Ende des Bahnhofes nicht durch Weichen repräsentiert ist. Eine Wendeschleife im Bahnhof (Bf.) Bad Herrenalb unterteilt die Strecke in die Fahrtrichtungen „Ettlingen → Bad Herrenalb" (Hinfahrt) und „Bad Herrenalb → Ettlingen" (Rückfahrt). In den Ergebnisse stehen für eine statistische Auswertung 32 Hin- und 31 Rückfahrten zur Verfügung, die durch den Aufzeichnungszeitraum von Ende August bis Ende Oktober (14 Monate) auch die Auswirkungen klimatischer Einflüsse berücksichtigen. Im Weiteren werden die Ergebnisse für diese Datenbasis in Detektions- und Klassifikationsergebnisse unterteilt.

4.6.1 Ergebnisse der Detektion von Eisenbahnweichen

Für die Weichendetektion wurde ein Detektionsverbundmodell analog Kapitel 4.4 erstellt. Die Bestimmung der Parameter für Längen und Leistungen der vier Weichenbefahrungsklassen $\lambda_{1..4}$ und des Schwellenmodells λ_S erfolgte mit ML-Schätzungen aus jeweils nur einer Weichentestsequenz. Die Fehlermodelle wurden aus empirischen Schätzungen eines Bahnübergangs und einer Sequenz mit Fangschienen gewonnen. Die Modellierung der Segmentlänge erfolgte für die Weichenschwellenbereiche mit fünf Unterzuständen, für den Weichenzungenbereich (2 Segmente) mit fünfzehn, Herzstück und Radlenker werden jeweils mit zehn, der Weichenmittelteil mit drei Zuständen modelliert. Letzteres hat eine höhere Varianz der Aufenthaltsdauer zur Folge (s. Kapitel 4.4.3.2), sodass die Vielzahl der vorhandenen Weichentypen und deren spezifische Länge berücksichtigt werden. Schwellenbereiche außerhalb der Weichen sind bimodal für kürzere und längere Bereiche mit jeweils drei Unterzuständen modelliert, die Fehlermodelle bilden ihre jeweilige Länge über vier Unterzustände ab. Damit ergibt sich eine Gesamtzustandsanzahl für das Verbundmodell λ_D von $N = 166$. Die Ortssignale lagen mit einer Abtastung von 50 Werten je Meter vor, für die Signalvorverarbeitung wurde eine Länge der Merkmalsfensterfunktion von $L_w = 1$ m gewählt. Die Signalüberlappung in der Fensterverschiebung wurde so gewählt, dass eine Ortsauflösung von 10 cm für den Merkmalsvektor vorliegt. Für die Auswertung wurden detektierte Weichen, die eine Länge größer 50 m und kleiner 10 m aufweisen in einem Zwischenschritt verworfen[10]. Die Berechnung der Vorwärtswahrscheinlichkeiten erfolgte mit einem skalierten Algorithmus, der die Darstellbarkeit der Loglikelihood für die Länge L_F der auftretenden Sequenzen gewährleistet [Rabiner 1989; Fink 2003]. Die Modellierung der einzelnen Weichensegmente mit dem HMM erlaubt auf Basis des berechneten Viterbipfades eine Überprüfung des Detektionsergebnisses, in dem die erkannten Bauteillängen der Weichen mit den erwarteten Werten verglichen werden. Diese Plausibilisierung wird durch die hierarchische Struktur von Verbunderkenner λ_D, Untermodellen $\lambda_{S,1,...,6}$ und Bauteilmodellierung ermöglicht, die in Bild 4.26 für das Beispiel des Bahnhofs Marxzell detailliert dargestellt ist.

---

[10]Weichen im Albtal weisen Extremwerte der Längen von 16 m (Sonderbauform 10906 in Bf. Herrenalb, Typ EW-140-1:6) bis 42 m (Innenbogenweiche 10801 in Bf. Frauenalb, Typ IBW-41-500-1:12) auf. Der weitaus größte Anteil der Weichen weist eine Länge von 27 m (5 mal Typ EW-49-190-1:8, 13 mal Typ EW-49-190-1:9; jeweils 45 Schwellen) und 33 m (5 mal EW-49-300-1:9, 2 mal EW-49-300-1:10,5; jeweils 55 Schwellen) auf.

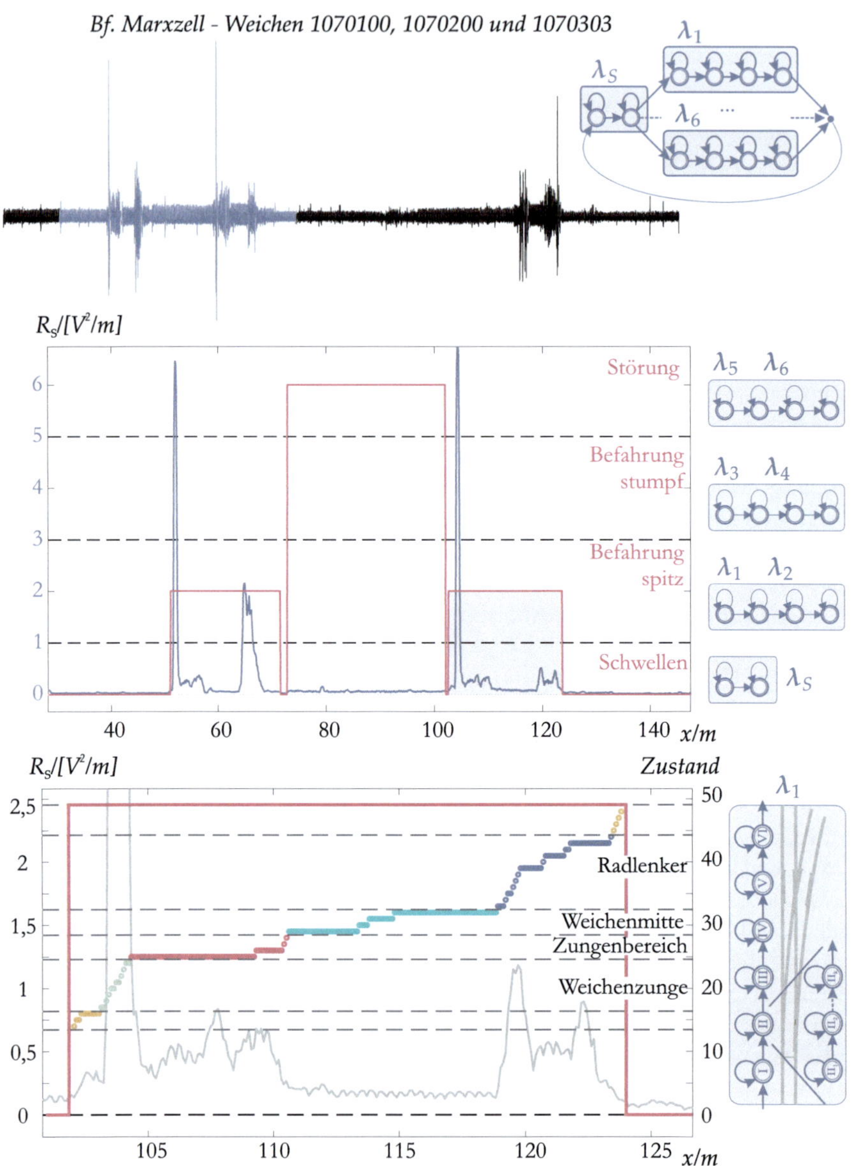

Bild 4.26: Exemplarische Ergebnisse der HMM-Detektion: Das obere Drittel zeigt den betrachteten Signalabschnitt und die Struktur des Verbunderkenners. In der Mitte sind die Detektionsergebnisse (rot) in Abhängigkeit der durchlaufenen Untermodelle verdeutlicht, das untere Drittel zeigt im Detail den Viterbipfad der Weiche 1070200, in der das Untermodell λ_1 (Zustand 13 bis 48 des Gesamtmodells) durchlaufen wird.

Die Bewertung der Detektionsleistung geschieht mit einer sog. Vierfelderta-fel [Sachs 2004]. In dieser werden die Ergebnisse einer binären Detektionsaufga-be in vier Möglichkeiten eingeteilt. Wird die Nullhypothese aufgestellt, dass ein Ereignis vorhanden ist und dieses korrekt erkannt wird, liegt eine *richtig positive* Entscheidung (RP) (engl. *true positive*) vor. Wird diese Nullhypothese fälschli-cherweise beibehalten, spricht man von einem Fehler der ersten Art oder einer *falsch positiven* Entscheidung (FP) (engl. *false positive*). Wird die alternative Hy-pothese, dass ein Ereignis nicht vorhanden ist, aufgestellt, spricht man bei korrek-ter Erkennung dieser von einer *richtig negativen* Entscheidung (RN) (engl. *true negative*). Wird die alternative Hypothese fälschlicherweise beibehalten spricht man von einem Fehler der zweiten Art oder einer *falsch negativ* Entscheidung (FN) (engl. *false negative*).

In den experimentell gewonnenen Messdaten treten insgesamt 847 Weichenereig-nisse auf. Mit dem Detektions-HMM konnten 836 dieser Ereignisse detektiert werden. In der Auswertung traten 11 Fehler der zweiten Art (FN), sowie ein Fehler der ersten Art auf (FP). Die dazugehörige Wahrheitsmatrix ist in Tabel-le 4.6 dargestellt. Für das Detektions-HMM ergibt sich aus diesen Werten mit

Tabelle 4.6: Wahrheitsmatrix der Weichendetektion.

		wahre Klasse	
		Weiche	Keine Weiche
HMM	Weiche	836	1
	Keine Weiche	11	sonst

(RP)/(RP+FN) eine *Richtig-Positiv-Rate (Sensitivität)* von $\frac{836}{847} = 98{,}70\%$. Eine zusätzliche Untersuchung betrifft der Fähigkeit von λ_D, die Befahrungsrichtung der erkannten Weichen zu klassifizieren. Für diesen Fall wurde bei den korrekt detektierten Weichen mit (RP+RN)/(RP+RN+FP+FN) eine Korrektklassifi-kationsrate von unter 70 % ermittelt. Das Ergebnis ist auf die starke Überlap-pung von Radlenker und Herzstück im Merkmalsraum zurückzuführen. Für die Bestimmung des Weichenanfangs, durch den die Weichenposition definiert ist, genügt dagegen die Erkennung der Befahrungskategorie „spitz" oder „stumpf". Die Untersuchung ergab mit 82 Fehlern in den erkannten 836 Ereignissen, dass der Weichenanfang mit einer Korrektklassifikationsrate von $\frac{754}{836} = 90{,}19\%$ er-mittelt wird. Die Ergebnisse sind, wiederum in Form einer Wahrheitsmatrix, in Tabelle 4.7 dargestellt.

Die Detektion mit HMMs zeichnet sich gegenüber bisherigen Ansätzen durch die Fähigkeit aus, auch sehr nah beieinander verlegte Weichen trennen zu kön-

Tabelle 4.7: Wahrheitsmatrix der Befahrungskategorie „spitz/stumpf".

		wahre Klasse	
		spitz	stumpf
HMM	spitz	409	51
	stumpf	31	345

nen, was in Bild 4.27 und 4.28 für exemplarische Bereiche innerhalb des Bahnhofs Busenbach veranschaulicht wird. Die zuverlässige Separierung von Weichen und

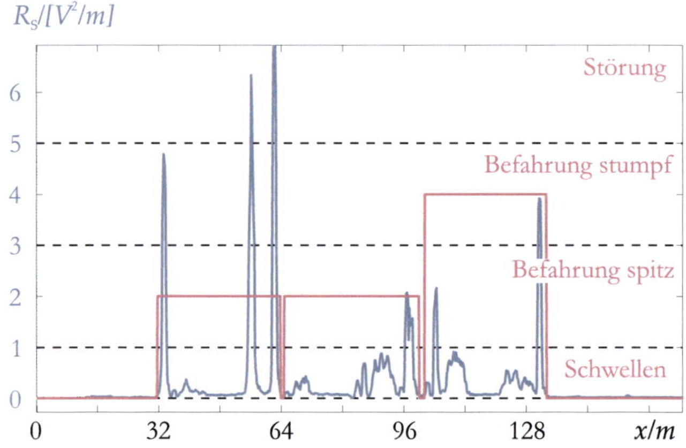

Bild 4.27: Exemplarische Ergebnisse der Weichendetektion für korrekt segmentierte, dicht aufeinanderfolgende Weichen (Weiche 1040501, 1040701 und 1041003) im Bahnhof Busenbach.

Störungen ist exemplarisch in Bild 4.29 für die erste Weiche im Bf. Etzenrot veranschaulicht. Das Bild zeigt die Trennung der durch einen Bahnübergang hervorgerufenen Ausschläge im Signal von der dicht dahinter verlegten Weiche.

Die Generalisierungsfähigkeit der nach Befahrungsrichtung erstellten Modelle $\lambda_{1..4}$ zeigt sich in der korrekten Detektion einer Vielzahl von verschiedenen Weichentypen und Einbausituationen, die auf der Albtalbahnstrecke vorkommen. Als Beispiel dienen die Weiche 1060200 vom Typ EW-49-190-1:8, die trotz eines uncharakteristischen Zungenbereiches korrekt detektiert wird, und die Weiche 1080101 (die einzige Innenbogenweiche der Teststrecke vom Typ IBW-41-500-1:12). Diese Weiche weist eine überdurchschnittliche Länge von 41,59 m und ein charakteristisches Stellwerk mit zwei Ansatzpunkten auf. Beide Wei-

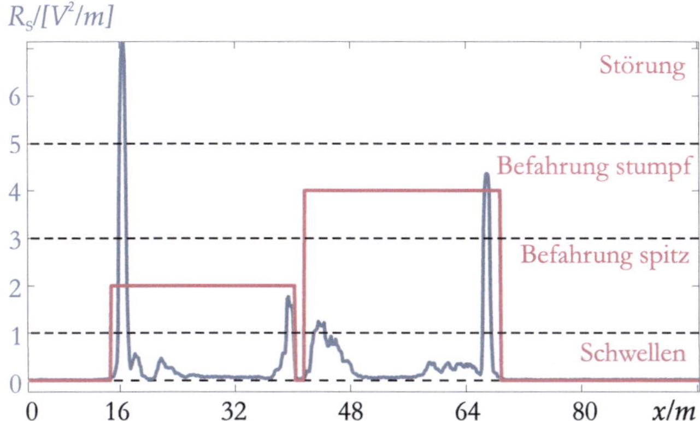

Bild 4.28: Exemplarische Ergebnisse der Weichendetektion für korrekt segmentierte, dicht aufeinanderfolgende Weichen (Weiche 1040203, 1040300) im Bahnhof Busenbach.

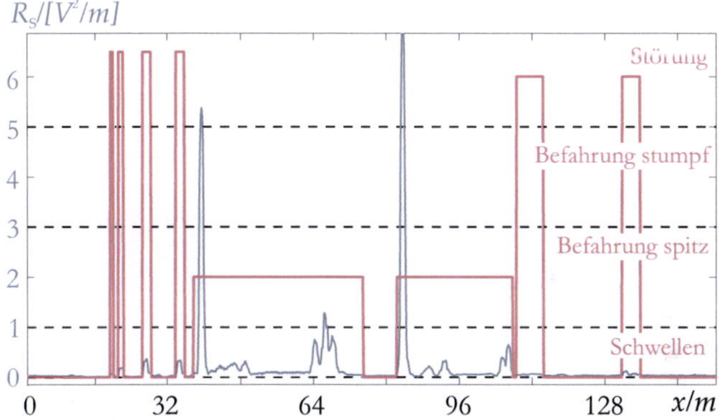

Bild 4.29: Exemplarische Ergebnisse für die Separierung von Störungen und Weichen am Beispiel eines Bahnüberganges vor den Weichen 1050100 und 1050200 im Bhf. Etzenrot.

chen sind in Bild 4.30 mit ihrem Ortssignal $s(x)$ abgebildet. Zusätzlich ist das korrekte Detektionsergebnis mit der als Merkmal verwendeten momentanen Leistung dargestellt. Für die nachfolgende Klassifikation werden die in der Detektion segmentierten Signalsequenzen an die Merkmalsextraktion der Klassifikationsstufe weitergeleitet. Weiterhin steht mit der Detektionsstufe die Menge $\mathcal{W}_{\text{Detekt}} = \{W(t_1), W(t_2), ...\}$ der *Weichenereignisse* mit den auf den Weichenanfang bezogenen Zeiten[11] für die Lokalisierung zur Verfügung.

---

[11] Die Indexierung der Weichen mit Zeitpunkten oder zurückgelegtem Weg kann hierbei nach Bedarf gewählt werden, da das Ortssignal $s(x)$ eine Überführung von Zeit nach Weg ermöglicht.

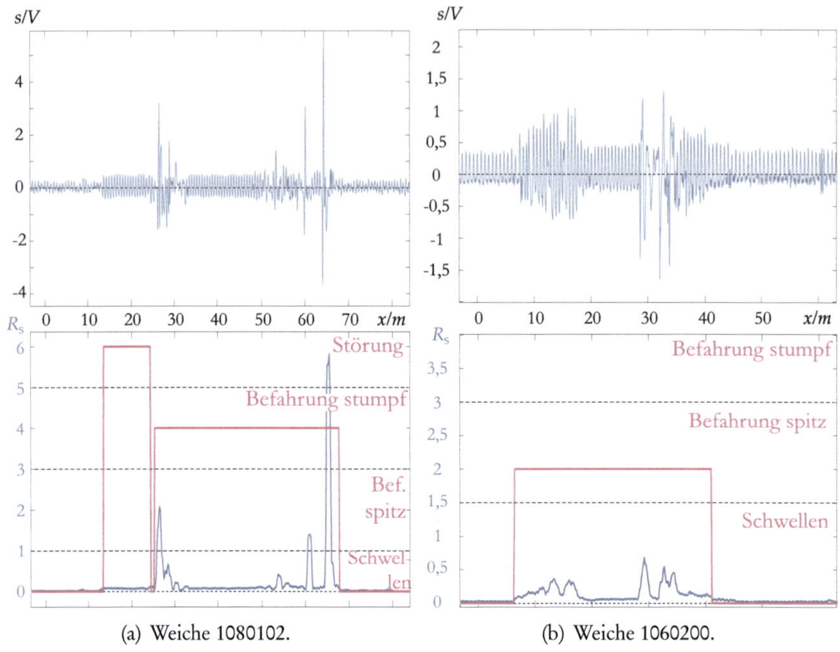

(a) Weiche 1080102.   (b) Weiche 1060200.

Bild 4.30: Generalisierung der Weichenklasse für exemplarische Signalmorphologien. Als Beispiel dienen die Weiche 1060200, eine Weiche mit nicht erkennbarem Zungenschweißstoß und die Weiche 1080202. Die Weiche weist ein doppeltes Stellwerk auf und damit zwei Leistungsspitzen im Zungenbereich.

4.6.2 Ergebnisse der Klassifikation von Eisenbahnweichen

In der Klassifikation repräsentiert jedes HMM $\boldsymbol{\Lambda}_m$ die Befahrungsrichtung einer spezifischen Weiche. Obwohl die theoretische Klassenanzahl damit $M_K = 4 \cdot M$ für M Weichen entspricht, ergeben sich für die vorliegende Datenbasis nur $M_K = 32$ Klassen, da aufgrund streckentechnischer Vorgaben nicht alle Weichen in jeder Befahrungsrichtung überquert werden.

Um die Robustheit der Klassifikations-HMMs für fehlerhafte Geschwindigkeitsschätzungen zu überprüfen, wurde für die Klassifikationsergebnisse auf Ortssignale zurückgegriffen, die auf Basis einer GPS-Geschwindigkeitsmessung gewonnen wurden. Weichensequenzen, die in ihrer Sequenzlänge eine Abweichung größer 10% gegenüber der mittleren Sequenzlänge aufweisen, wurden für spätere Vergleichsuntersuchungen manuell aus der Datenbasis entfernt. Die restlichen

Sequenzen werden für die Parameterschätzung in eine Trainingsmenge, Validierungsmenge und Testmenge aufgeteilt. Aufgrund von Schwankungen in der Zahl der Befahrungen, wurden für jede Weichenklasse drei Test- und Validierungssequenzen festgelegt. Die restlichen Sequenzen werden für das Training der jeweiligen Modelle verwendet. Mit den experimentellen Daten liegt eine mittlere Anzahl von 28,2 Sequenzen je Klasse vor, die Aufschlüsselung je Klasse findet sich in Anhang A.4.4. Als Klassifikationsmodelle werden die beschriebenen SCHMMs verwendet. Die Wahl von Topologie und Modellgröße erfolgte entsprechend Kapitel 4.5.4.3 mit der Initialisierung $a_{ii} = 0{,}6$.

Die Auswahl des Merkmalsvektors erfolgt durch k-fache Kreuzvalidierung mit $k = 9$ für die in Kapitel 4.3 beschriebenen Merkmale. Für alle Merkmale erfolgten umfangreiche Voranalysen für die jeweiligen Parameter, die in dieser Arbeit exemplarisch für das Waveletmerkmal aufgeführt werden oder sich, wie beispielsweise für die Auswahl des Mutterwavelets, in Anhang A.4 finden. Die Bewertung der trainierten Modelle erfolgte mit den Sequenzen der Test- und Validierungsmenge und liefert eine Gesamtzahl von 192 Ereignissen. Aufgrund eines fehlenden Rückweisungsmodells entspricht jeder Klassifikationsfehler einer falsch positiven Klassifikation. Als Maß für die Klassifikationsgüte wird daher die Korrektklassifikationsrate durch den Quotienten aus korrekt klassifizierten Weichenbefahrungen und der Gesamtanzahl der Ereignisse ermittelt. Die Fehleranzahl stellt das arithmetische Mittel der einzelnen Kreuzvalidierungsläufe dar. Das Ergebnis der Auswertung ist in Tabelle 4.8 dargestellt[12]. In einem Ver-

Tabelle **4.8**: Korrektklassifikationsrate verschiedener Merkmalsvektoren

	Fehleranzahl	Korrektklassifikationsrate in %
Ortssignal	3,11	98,37
Leistungssignal	1,4	99,27
STFT	4	97,85
Wavelet	1,11	99,42

gleich der Merkmale erzielt die Wavelettransformation, wenn auch nur knapp, die besten Resultate. Obwohl das Ergebnis aufgrund der Eigenschaft von Wavelets, nichtstationäre Signale besonders gut abzubilden [Kiencke u. a. 2008], die Erwartungen widerspiegelt, überrascht die hohe Fehlerrate der STFT-Merkmale. Letztere konnte auch nicht durch Hinzunahme weiterer Frequenzbänder verbessert werden. Als Hauptgrund ist die prinzipielle Unschärferelation zu nennen,

---

[12]Für die Klassifikation mit Ortssignalen wurde die Anzahl der Zustände des Modells erhöht um eine vergleichbare Güte zu erzielen. Die Berechnungszeit steigt dadurch um den Faktor: $\left(\frac{K_{\mathrm{ort}}}{K_{\mathrm{sonst}}}\right)^2$.

die es nicht ermöglicht, die Merkmale ausreichend hoch aufzulösen, ohne gleichzeitig die Ortsauflösung zu reduzieren [Kiencke u. a. 2008]. Die Verwendung der momentanen Signalleistung als Merkmal bietet bei guter Klassifikationsleistung den zusätzlichen Vorteil, dass das durch die HMMs abgebildete Signal aus dem Modell generiert werden kann, um eine visuelle Überprüfung durchzuführen.

Da der Hauptfehlereinfluss der Weichenerkennung in Verzerrungen durch falsch geschätzte Geschwindigkeiten besteht, wurden die manuell aus der Datenbasis entfernten, stärker verzerrten Weichen wieder aufgenommen. Von diesen weisen 29 Weichensequenzen eine Verzerrung von 10-20% ihrer durchschnittlichen Sequenzlänge auf, 11 Sequenzen sind zwischen 20 und 30% verzerrt. Die Ergebnisse für diese erweiterte Datenbasis sind in Tabelle 4.9 aufgeführt. Die Re-

Tabelle 4.9: Fehleranzahl für unterschiedliche Geschwindigkeitsverzerrungen.

| | Fehleranzahl | |
	Verzerrung 10% - 20%	Verzerrung 20% - 30%
Ortssignal	3,11	4
Leistungssignal	1,4	2,6
STFT	4	6,1
Wavelet	1,2	2,56

sultate zeigen, dass der HMM-Ansatz Signalverzerrungen durch Geschwindigkeitsschätzfehler in hohem Maße kompensieren kann. Die auf den Messfahrten erhaltenen Längenabweichungen größer als 20% kommen mit der in Kapitel 3.2 vorgestellten Präsignalentzerrung in der Praxis nicht mehr vor, während einzelne Sequenzen mit einer Längenabweichung von bis zu 20% nur minimale Auswirkungen auf die Fehleranzahl haben.

Als für die vorliegenden Daten beste Lösung hat sich die Kombination von drei Waveletskalen und der Momentanleistung zu einem vierdimensionalen Merkmalsvektor $y_l = (y_{\text{Skale1},l}, y_{\text{Skale2},l}, y_{\text{Skale3},l}, y_{\text{Leistung},l})^T$ herausgestellt, so dass $Y_{\text{Klass}} = (y_1, ..., y_L)$ die Dimension $4 \times L$ aufweist. Mit dieser Merkmalskombination wurde für die neunfache Kreuzvalidierung eine Korrektklassifikationsrate von 99,83% (0,33 Fehler) erreicht, für die gestörte Datenbasis von 99,42% (1,11 Fehler). Ergebnisse der Klassifikation für den kombinierten, vierdimensionalen Merkmalsvektor sind in Form der Loglikelihood exemplarisch für jeweils sieben Sequenzen der Klasse 5 (Weiche 1040400) und Klasse 18 (1060102) in Bild 4.31 dargestellt. Das Bild zeigt die Loglikelihood jeder Sequenz für alle 32 gegebenen Klassen. Am unteren Rand ist zusätzlich die Befahrungsrichtung der jeweiligen Klasse vermerkt. Aufgrund der Ähnlichkeit der Befahrungsrichtungen „spitz rechts/links" und „stumpf rechts/links", selbst für unterschiedliche

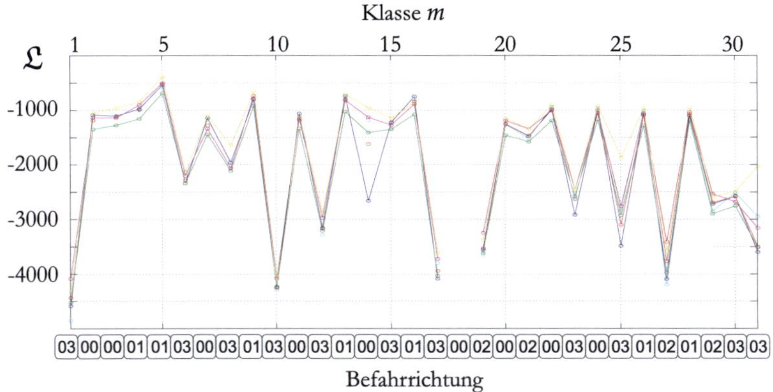

(a) Loglikelihoods für sieben Sequenzen der Weichenklasse 5, Weiche 1040601

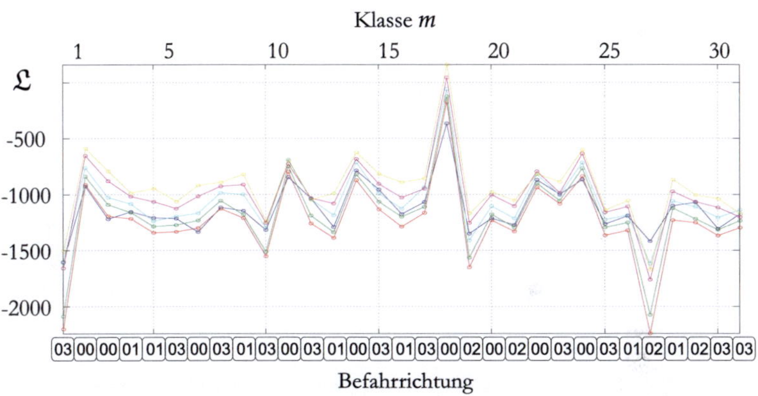

(b) Loglikelihoods für sieben Sequenzen der Weichenklasse 18, Weiche 1060200

Bild 4.31: Vergleich der Loglikelihoods zweier Weichenklassen, für jeweils sieben Sequenzen der Klasse. Die Korrektklassifikationsrate liegt bei jeweils 100%.

Weichen, resultiert der Verlauf der Loglikelihoodkurven. Als Besonderheit ist die Weichenklasse 18 aufgeführt, deren zugehörige Weiche eine Sonderbauform aufweist, deren Ortssignal und Momentanleistung bereits in Bild 4.30 dargestellt ist. Die Likelihood dieser Klasse ist für Beispielsequenzen anderer Klassen kleiner als die Präzision des Rechners (s. Bild 4.31(a)). Allerdings liegt für diese Weiche ein glatterer Verlauf der Loglikelihood vor, da die Ähnlichkeit zu beiden Befahrungsrichtungen gegeben ist. Die exemplarischen Loglikelihoods in Bild 4.31 verdeutlichen die Problematik, einen allgemeinen Schwellwert für die Rückweisung eines Klassifikationsergebnisses anzugeben, da das Ergebnis mit Länge und Befahrungsrichtung der jeweiligen Weiche schwankt.

4.6.2.1 Einfluss der Weichendetektion auf das Klassifikationsergebnis

Eine gesonderte Untersuchung betrachtet den Einfluss der vorherigen Detektionsstufe auf die Klassifikationsergebnisse. Während Fehler aus der Geschwindigkeitsschätzung ausreichend kompensiert werden können, können aufgrund der Segmentierung mit HMMs zusätzliche Störeinflüsse auftreten. Zuerst soll die Auswirkung einer ungenauen Extraktion der Sequenz betrachtet werden. Anschließend wird die Möglichkeit einer statistischen Rückweisung von falsch positiven Detektionen erläutert.

Einfluss von Segmentierungsfehlern

Durch Schwankungen der Amplitude kann der Extraktionsstartpunkt und -endpunkt der detektierten Weiche variieren. Dieser Einfluss wurde simulativ untersucht. Hierfür wurden im Signal an Weichenanfang und -ende Bereiche gleicher Breite definiert, die dem Vielfachen von Schwellenabständen entsprechen. Die Unterteilung weist am Weichenanfang die Breite einer Schwelle auf und am Weichenende jeweils die Breite dreier Schwellen. Dieses Vorgehen trägt dem erhöhten Einfluss eines Extraktionsfehlers auf das kurze Weichenzungensegment, verglichen mit dem breiteren Radlenkersegment, Rechnung. Das Prinzip ist in Bild 4.32 gezeigt. Die Bereiche wurden einer diskreten und gleichverteilten Zufallsvariablen mit dem Wertebereich $\{1,2,3,4,5,6,8\}$ zugewiesen. Durch das Zie-

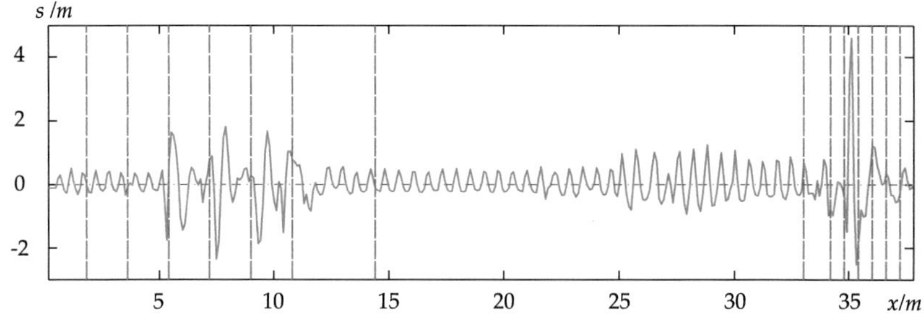

Bild 4.32: Einteilung der Weichenbereiche für die Simulation von Segmentierungsfehlern

hen aus der Wertemenge kann anschließend ein fehlerhaftes Ausschneiden simuliert werden. Die Anzahl der Fehler als Funktion der maximal abgeschnittenen Segmente ist in Bild 4.33 gezeigt. Das Ergebnis verdeutlicht die Robustheit des HMM-Ansatzes gegenüber Schwankungen in der Sequenzsegmentierung. Erst

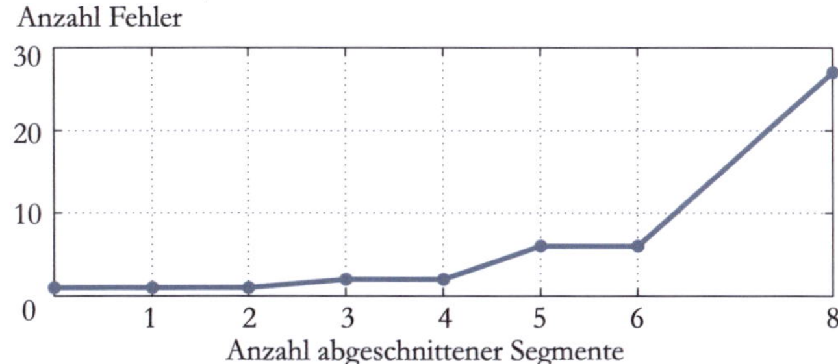

Bild 4.33: Auswirkung des simulierten Segmentierungsfehlers auf die Fehleranzahl.

ab einer Breite von 2,4 m am Weichenanfang bzw. 7,2 m am Weichenende steigt die Fehlerzahl signifikant an.

Einfluss von falsch positiv Detektionen

Die Ergebnisse der Detektion weisen unter Umständen Fehler der ersten Art auf (s. Kapitel 4.6.1). Da die Klassifikationsstufe aus Weichenmodellen ohne eine Rückweisungsklasse[13] besteht, führt eine *falsch positive* Detektion immer zu der Klassifikation einer Weichenbefahrung. Wie in Bild 4.31 verdeutlicht, gestaltet sich die Rückweisung aufgrund eines globalen Schwellwertes als schwierig, da die Loglikelihoods der Klassen in hohem Maße von der Sequenzlänge und Ausprägung der Weiche abhängen. Zur Veranschaulichung sind in Bild 4.34 *Boxplots* [Box u. a. 1994] der Loglikelihood und Sequenzlänge exemplarisch gewählter Modelle und Merkmale (kombinierter, vierdimensionaler Merkmalsvektor) gezeigt. Boxplots stellen die Verteilung der Daten mit Median, 0,25-Quantil, 0,75-Quantil sowie Extremwerten dar. Als Datenbasis dienen alle Sequenzen der Trainings-, Validierungs- und Testmenge. Mit den vorliegenden Daten ist es möglich, ein individuelles Rückweisungskriterium für jede Klasse zu definieren. Für dieses werden Länge und Loglikelihood jeder Klasse in einem zweidimensionalen Merkmalsvektor $x_{\mathrm{ma},m}$ zusammengefasst. Mit den Annahmen gaußverteilter Werte und statistischer Unabhängigkeit von Länge und Loglikelihood wird die Mahalanobisdistanz $\eth_{\mathrm{ma}}$ als normiertes Abstandsmaß zweier Vektoren verwendet [Duda u. a. 2001; Fahrmeir u. a. 2004]. Der Mahalanobisabstand $\eth_{\mathrm{ma},m}$ eines Vektors x zur Klasse m wird mit

$$\eth_{\mathrm{ma},m} = \sqrt{\left(x - \overline{x}_{\mathrm{ma},m}\right)^{\mathrm{T}} \hat{\Sigma}^{-1}_{\mathrm{ma},m} \left(x - \overline{x}_{\mathrm{ma},m}\right)} \qquad (4.58)$$

---

[13]Das in der Mustererkennung häufig verwendete Rückweisungs- oder *Garbage*-Modell [Schukat-Talamazzini 1995] konnte für die Weichenbefahrungsklassen nicht erzeugt werden. Grund hierfür ist die hohe Varianz der Weichenloglikelihoods [Hetzer 2008].

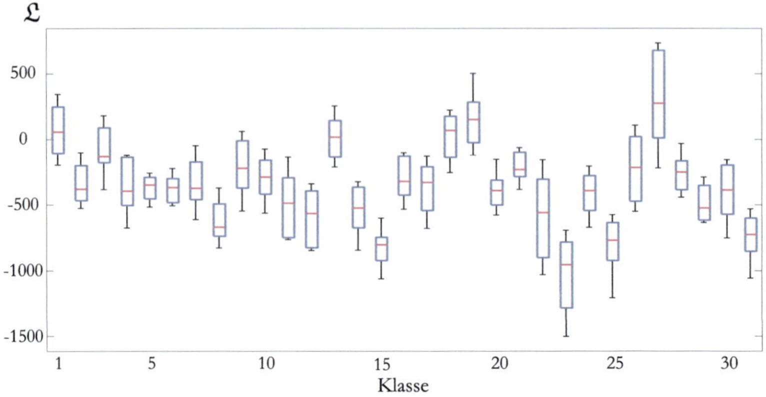

(a) Boxplots der Loglikelihood aller Klassen.

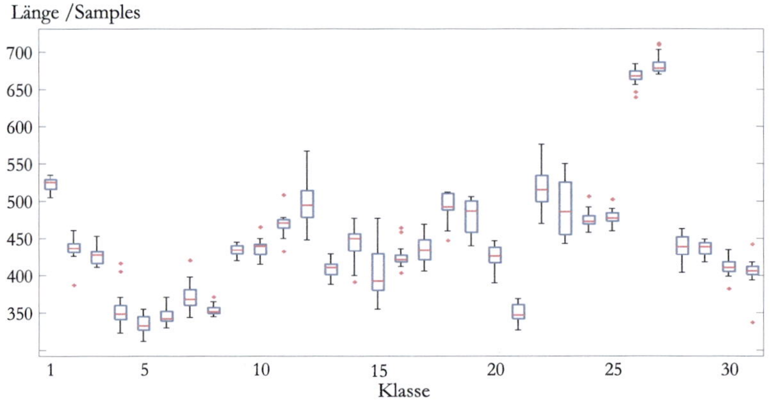

(b) Boxplots der Längen aller Klassen (Datenbasis beinhaltet Verzerrungen bis 20%).

Bild 4.34: Boxplots der Längen und Loglikelihoods aller Weichenklassen.

definiert und repräsentiert den Klassenkonfidenzbereich als einen „∂_{ma}-sigma"
Ellipsoiden [Bar-Shalom u. a. 2001]. Die Parameter $\overline{x}_{\mathrm{ma},m}$ und $\hat{\Sigma}_{\mathrm{ma},m}$ entsprechen
in jeder Klasse der Schätzung von Mittelwert und Varianz von Loglikelihood
und Länge der zugeordneten Sequenzen. Für die betrachteten Daten wurden
fünf fehlerfreie Klassifikationsläufe der Kreuzvalidierung mit der in der HMM-
Detektion segmentierten falsch positiven Sequenz analysiert. Die Ergebnisse
sind in Tabelle 4.10 dargestellt. Es bezeichnet $\max\{\partial_{\mathrm{ma},1...M}\}$ die maximale Mahalanobisdistanz aller korrekt klassifizierter Weichen zu ihrer jeweils zugewiesenen
Klasse, $\partial_{\mathrm{ma,FP}}$ den Abstand der falsch positiv Detektion zu der ihr zugewiesenen

Klasse m, die in der mittleren Spalte aufgeführt ist und $\overline{\eth}_{\mathrm{ma},m}$ das arithmetische Mittel des Mahalanobisabstandes der fälschlich zugewiesenen Klasse.

Tabelle 4.10: Auswertung der Mahalanobisdistanz für falsch positive Detektionen

Kreuz-validierungs-lauf	$\max\{\eth_{\mathrm{ma},1\ldots M}\}$	zugeordnete Klasse m der Fehldetektion	$\eth_{\mathrm{ma,FP}}$	$\overline{\eth}_{\mathrm{ma},m}$
1	2,829	26	32,87	1,24
2	2,828	15	4,95	1,2
3	2,829	15	5,38	1,19
4	2,831	14	5,69	1,2
5	2,83	26	33,13	1,24
6	2,833	11	13,48	1,18

Die Rückweisung über die Mahalanobisdistanz entspricht für den betrachteten Fall einem χ^2 Test mit zwei Freiheitsgraden. Mit den ermittelten Werten kann $\sqrt{\chi^2_{2,0,999}} = 3{,}71$ gewählt werden, so dass die falsch positive Detektion mit einem Signifikanzniveau von 0,1% für jeden Durchlauf der Kreuzvalidierung zurückgewiesen werden kann. Alle korrekt klassifizierten Weichen werden dagegen mit $\max(\eth_{\mathrm{ma},1\ldots M}) < 2{,}9$ nicht zurückgewiesen. Somit kann auf effektive Weise mit der vorhandenen Klassifikationsstufe eine Korrektur der Detektionsergebnisse erfolgen.

4.6.3 Zusammenfassung Ergebnisse Weichenerkennung

Für die kombinierten Leistungs- und Waveletmerkmale spiegeln die Ergebnisse die außerordentliche Leistungsfähigkeit der HMMs wider, gleichzeitig verzerrte und gestörte Signalsequenzen zu klassifizieren. Der in dieser Arbeit vorgestellte statistische Ansatz der Mustererkennung ist hierbei bisherigen deterministischen Ansätzen deutlich überlegen [Schnieder u. a. 2009]. Die kombinierte Korrektklassifikationsrate von HMM-Detektion und -Klassifikation erreicht $98{,}70\% \cdot 99{,}85\% = 98{,}55\%$. Besonders die Eigenschaft der Detektionsstufe, nicht auf die vorherige Befahrung aller im betrachteten Gebiet verlegter Weichen angewiesen zu sein, macht diese für den Einsatz in der bordautonomen Lokalisierung attraktiv. Mit einer Korrektklassifikationsrate des Weichenanfangs von 90,19% kann in der Kombination mit stochastischen Lokalisierungsalgorithmen bereits eine verlässliche Positionsverfolgung realisiert werden. Für die anschließende Lokalisierung stehen somit, je nach Anwendungsfall gegeben, entweder die *Weiche-*

nereignisse W_{Detekt} der Detektionsstufe oder die *Weichenbefahrungen* der Klassifikationsstufe $W_{\mathrm{Klass}} = \{W_{\mathfrak{h}_1}(t_1), W_{\mathfrak{h}_2}(t_2), ...\}$, mit $\mathfrak{h} \in \{1040100, 1040101, ...\}$, zur Verfügung.

4.7 Zusammenfassung Weichenerkennung

Das vorliegende Kapitel beschreibt die Schritt haltende Erkennung von Weichen in einem sequentiellen Datenstrom. Die hohe Typenvarianz von Weichen und unterschiedliche Einbausituationen machen den Einsatz von Methoden der statistischen Mustererkennung notwendig. Die gewählten verdeckten Markowmodelle erlauben die Modellierung der in einem Signalmodell erarbeiteten Weichenmerkmale. Durch die Repräsentation einzelner Weichen als generatives stochastisches Modell sind alle realisierbaren Ausprägungen implizit in dem Modell hinterlegt, was die Erstellung einer Datenbank und die stetige Erhöhung von Mustersequenzen, wie es für deterministische Systeme üblich ist, erübrigt. Die Erkennung der Weichen erfolgt in zwei Stufen.

Die Detektionsstufe nutzt den physikalischen Aufbau von Weichen. Mit diesem kann die Abfolge von Weichensegmenten und deren Ausprägung im Signal für die Abgrenzung von sonstiger Schieneninfrastruktur genutzt werden. In der Modellerstellung wird besonderes Augenmerk auf die Generalisierung und einfache Erstellung der Modelle gelegt. Das Gesamtmodell ist aus Untermodellen aufgebaut, die auftretende Störungen, gewöhnliche Schwellenbereiche und die vier Möglichkeiten einer Weichenbefahrung widerspiegeln. Mit letzteren ist eine Vorklassifikation der detektierten Weiche in die Befahrungsrichtung „spitz" oder „stumpf" möglich, was die Zuordnung des baulich und topographisch definierten Weichenanfangs erlaubt.

Die anschließende Klassifikationsstufe nutzt komplexere Modelle und einen erweiterten Merkmalsvektor für die genauere Approximation individueller Weichen und ihrer Befahrung. Das Ergebnis erlaubt die globale Zuordnung extrahierter Signale zu spezifischen Punkten der befahrenen Strecke. Der Einsatz der Modellparameterschätzung erlaubt dabei eine kontinuierliche Adaption der Modelle an die vorhandene Strecke und Sensorcharakteristik.

Die vorgestellten experimentellen Ergebnisse basieren auf einer statistischen Auswertung von Messdaten, die über einen Zeitraum von ca. einem Jahr gewonnen wurden. Sie übertreffen bisherige Ansätze deutlich und weisen eine Gesamterkennungsrate von 98,55% auf. Zusätzlich können in der Klassifikationsstufe auf Basis statistischer Tests falsch positive Detektionen erkannt werden.

5 Stochastische Lokalisierung in topologischen Karten

Die Lokalisierung von Schienenfahrzeugen ist eng verwandt mit anderen Ansätzen für die Positionsbestimmung mobiler Systeme. Diese wurden intensiv in den Bereichen der automobilen Fahrzeugtechnik und Robotik untersucht. Die Fahrzeugtechnik verlässt sich überwiegend auf die Kombination von satellitengestützter Ortsbestimmung und Trägheitsnavigation [Böhringer u. Geistler 2006]. Während dies auch für Robotiksysteme in Freigebieten zutrifft [Panzieri u. a. 2002], erfordern alternative Einsatzgebiete, beispielsweise Innenraumszenarios [Thrun 2002], die Navigation autonomer Unterwasserfahrzeuge (AUV) [Majumbder 2001; Fairfield 2009] oder der autonome Betrieb von Minenfahrzeugen [Dissanayake u. a. 2000] einen abweichenden Lokalisierungsansatz. Dieser basiert auf der Erkennung von Landmarken, um die Position relativ zu diesen zu ermitteln. Die Positionen und Merkmale der Landmarken werden hierfür *a priori* in Karten abgespeichert[1]. Auf Grundlage der verwendeten Karten lässt sich diese landmarkenbasierte Ortung wiederum in geometrische [Leal 2003], topologische [Kuipers 2000; Choset u. Nagatani 2001; Torralba u. a. 2003] und gemischte Ansätze [Thrun u. a. 1998; Tomatis u. a. 2003] unterteilen.

In dieser Arbeit werden topologische Karten verwendet, da Schienenfahrzeuge als spurgeführtes System immanenter Weise nur einen, durch die Streckeninfrastruktur vorgegebenen, Freiheitsgrad besitzen. Die Gleise repräsentieren Knoten der topologischen Karte, die durch zusätzliche metrische oder infrastrukturelle Information, wie beispielsweise die Schwellenzahl, erweitert wird. Topologische Kanten verbinden die Knoten und werden als Verzweigungspunkte im Netz durch Weichen repräsentiert, die als Begrenzung der Gleisknoten gleichzeitig

---

[1]Lokalisierungsansätze deren Ziel die simultane Erstellung einer Karte ist, werden als *simultaneous localization and mapping (SLAM)* [Durrant-Whyte u. Bailey 2006; Bailey u. Durrant-Whyte 2006] bezeichnet und in dieser Arbeit aufgrund umfangreichen Vorwissens über die Streckennetze nicht behandelt.

Landmarken für die Positionsschätzung darstellen. Ist die Streckentopologie gegeben, wird die aktuelle Fahrzeugposition mit Hilfe der zurückgelegten Distanz und des geschätzten Abstands zu den erkannten Weichen bestimmt. Da Distanzschätzung und Weichenerkennung unsicherheitsbehaftet sind, werden stochastische Filtertechniken angewandt, die diese in Kombination mit der Karte verarbeiten können. Es muss hierbei unterschieden werden, ob Weichen detektiert werden, es liegen dann Mehrdeutigkeiten durch die Abbiegemöglichkeiten vor, oder ob auf Klassifikationsergebnisse zurückgegriffen werden kann, mit denen die aktuelle Position in der Karte global bestimmt werden kann. Beide Szenarien sind in unterschiedlichen Einsatzbereichen denkbar und qualitativ in Bild 5.1 dargestellt. Das Bild zeigt die wahrscheinlichsten Aufenthaltsorte eines Schienenfahrzeuges wenige Sekunden nach einer Weichendetektion und -klassifikation. Die Positionsbestimmung in der Karte erfolgt unter der Annahme eines endli-

Bild 5.1: Landmarkenbasierte Lokalisierung auf Basis unsicherer Distanzinformation. Das Bild stellt die entstehenden Mehrdeutigkeiten im Detektionsfall links dar. Die wahrscheinlichste Position nach einem Klassifikationsereignis ist für den Fall einer Erkennung der Weiche m und Befahrung „spitz/rechts" rechts dargestellt. Die wahrscheinlichen Zugpositionen sind durch rote Punkte, die Unsicherheiten durch Fehlerbalken gekennzeichnet.

chen Streckennetzes und somit endlicher Anzahl von Knoten und Kanten. Damit ergibt sich die Formulierung der aktuellen Position auf Basis einer diskreten Zufallsvariablen, die das betreffende Kartenelement beschreibt, und einer kontinuierlichen Zufallsvariablen, die die Position innerhalb des Elements beschreibt. Aufgrund der daraus resultierenden multimodalen Positionswahrscheinlichkeitsdichten kann die Verfolgung der Fahrzeugposition nicht mit unimodalen Verfolgungsalgorithmen, wie beispielsweise einem Kalman-Filter, erfolgen. Eine weit verbreitete Möglichkeit das Problem zu lösen, stellen *Multi-Hypothesen-Tracker* dar [Bar-Shalom u. Chen 2005]. Nachteil dieser Verfahren ist die stetige Vergrößerung des Hypothesenraumes durch Weichenereignisse und der damit verbundene Rechenaufwand. Beispiele für begrenzte Areale finden sich in [Tully u. a. 2007] oder der Kombination von *evidence pooling* [Pearl 1988] mit der Schätzung der Schwellenpositionsinformation in [Hensel u. Hasberg 2010]. In beiden Beiträgen ist die Anzahl der Hypothesen durch die Anzahl der Knoten in der Karte begrenzt.

In der vorliegenden Arbeit erfolgt die Lokalisierung durch die Approximation der *a posteriori* Verteilung des rekursiven Bayes-Filters mit *sequentiellen Monte Carlo Verfahren (SMC)*. SMC sind in einer Vielzahl von Varianten in der Literatur auch als *Bootstrap*, *Condensation Algorithm* oder *Particle Filter* bekannt [Doucet u. Johansen 2008]. Für die Auswahl der Filteralgorithmen erfolgt in diesem Kapitel zunächst die Darstellung und Erzeugung einer für die Lokalisierung geeigneten Karte, unter Bezugnahme auf die Eigenschaften des verwendeten Wirbelstromsensorsystems. Für die Lokalisierung in der Karte werden zwei Szenarien erläutert, die durch die jeweils verwendete Weicheninformation charakterisiert sind. Anschließend werden die Distanz- und Weicheninformation mit Hilfe stochastischer Filtertechniken zu einer Positionsangabe weiterverarbeitet. Es werden zwei Formulierungen betrachtet, von denen sich die eine für die Kombination mit Navigationssystemen in einem zweidimensionalen kartesischen Raum eignet, die andere für die präzise Positionsbestimmung im Distanzmaß der Schwellen.

5.1 Karte

Um eine ausschließlich auf dem Wirbelstromsensorsystem basierende Positionsbestimmung zu ermöglichen, wird eine topologische Karte mit Distanzinformation erweitert. Da die den Knoten zugeordneten Gleise nicht geometrisch abgebildet werden, entspricht dies der Gewichtung der Kanten, so dass der topologische Charakter der Abbildung erhalten bleibt. Damit bleibt gleichzeitig die Abgrenzung zu klassischen Mischansätzen, wie der Lokalisierung in topologisch verbundenen, geometrischen Unterkarten (engl. *submap localization* [Fairfield 2009]) gewährleistet.

5.1.1 Topologische Karten

Topologische Karten verzichten im Gegensatz zu geometrischen Karten auf die längentreue Abbildung von Abständen und bilden die Umwelt auf ein abstraktes Knoten-Kanten-Modell ab [Kuipers 2000]. Dieses beschreibt einen Graphen $\mathcal{G} = (\mathcal{V}, \mathcal{E})$, dessen K Knoten $\mathcal{V} = \{V^1, ..., V^K\}$ mögliche Aufenthaltsorte darstellen, die durch M Kanten $\mathcal{E} = \{E^1, ..., E^M\}$ verbunden sind [Thrun 2002; Silver u. a. 2006]. Die Speicherung der Verbindungen von $\mathcal{G}$ findet in der Adjazenzmatrix $\mathbf{G}$ oder einer Adjazenzliste statt [Diestel 2006]. Hat die Richtung der Verbindung eine Bedeutung, spricht man von *gerichteten* Graphen, werden die Kanten zusätzlich bewertet, ist der Graph *gewichtet*. Die Darstellung durch topologische Karten bietet gegenüber geometrischen Darstellungen den Vorteil der einfachen

Skalierbarkeit, kompakten Speicherung und intuitiven Umweltrepräsentation. Letzteres prädestiniert sie für den Einsatz in der Fahrzeugführerunterstützung, Visualisierung in Zugleitstellen und Fahrgastinformationssystemen, da eine topologische Darstellung der mentalen Wahrnehmung und Orientierung des Menschen entspricht [Lynch 1960; Ranganathan 2008].

5.1.2 Kartengewinnung

5.1.2.1 Bestimmung der Topologie

Neben den bereits beschriebenen Eigenschaften liegt der Vorteil topologischer Karten in ihrer Verfügbarkeit. Geometrische Karten des Gleisverlaufes, die die für eine Lokalisierung notwendige Genauigkeit aufweisen, sind für den überwiegenden Teil der Streckennetze nicht vorhanden [Hasberg u. a. 2010]. Die Bahnstreckentopologie ist dagegen immer bekannt, da sie die Grundlage für Disposition und den Betrieb von Stellwerken bildet [Pachl 2004]. Sollte somit kein vollständiges topologisches Kartenmaterial der betrachteten Strecke vorliegen, kann dieses auf einfache Weise aus den von den Stellwerken verwendeten Betriebsmitteln gewonnen werden. Ein Beispiel ist in Bild 5.2 gezeigt. Es handelt

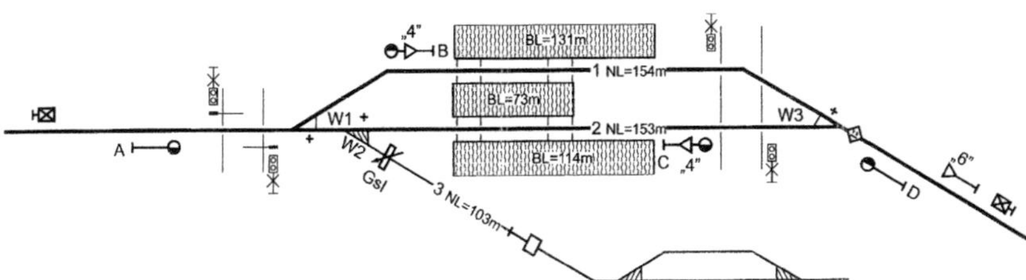

Bild 5.2: Schematische Darstellung des Bahnhofs Etzenrot in einem Bahnhofsignallageplan.

sich um einen Auszug der Bahnhofsignallagepläne [Holzmann u. a. 2004] der Albtalbahn und veranschaulicht die grundlegende Verfügbarkeit topologischer Information. Alle Merkmale, die mit dem WSS verarbeitet werden können, d. h. Weichen, Bahnübergänge, die ungefähre Gleislänge, die Lage der Punkte zueinander sowie deren Verbindungen sind in den Plänen enthalten. Für die Erstellung einer topologischen Karte mit Hilfe des Bahnhofsignallageplans erfolgt zunächst dessen Abstraktion. Das einem Knoten zugeordnete Gleis beginnt jeweils an einem Weichenanfang (WA), so dass durch die Netzstruktur auch das Ende eines Gleises, hiervon ausgenommen sind Abstellgleise, durch den nächsten WA begrenzt wird. Weichen entsprechen möglichen Verzweigungen im Gleisnetz, die durch jeweils zwei Kanten im Graphen repräsentiert werden. Daraus folgt, dass jeweils zwei der einer Weiche W_m zugeordneten verdeckten Markowmodelle Λ_m entsprechend ihrer Befahrungsrichtung mit einer Kante assoziiert sind. Die aus dieser Zuordnung entstehende topologischen Karte ist in Bild 5.3 exemplarisch dargestellt. Es zeigt, wie nach der Abstraktion von Bild 5.2 der gerichtete Graph abgeleitet wird. Jede Weiche repräsentiert in $\mathcal{G}$ zwei Kanten, die den Verzwei-

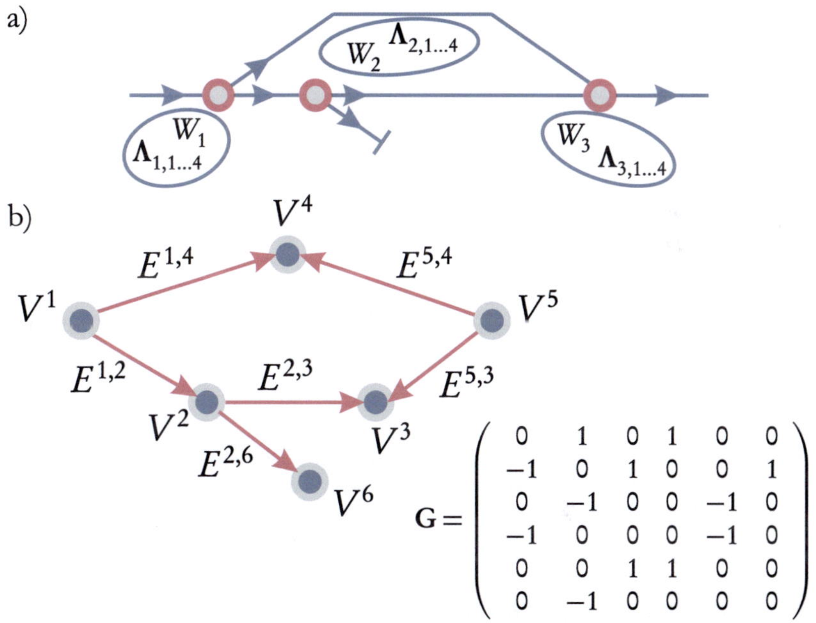

$$\mathbf{G} = \begin{pmatrix} 0 & 1 & 0 & 1 & 0 & 0 \\ -1 & 0 & 1 & 0 & 0 & 1 \\ 0 & -1 & 0 & 0 & -1 & 0 \\ -1 & 0 & 0 & 0 & -1 & 0 \\ 0 & 0 & 1 & 1 & 0 & 0 \\ 0 & -1 & 0 & 0 & 0 & 0 \end{pmatrix}$$

Bild 5.3: Das Bild veranschaulicht die Erstellung der topologischen Karte aus dem Signallageplan abgebildet in Bild 5.2. Nach dessen Abstraktion in a) erfolgt die Zuordnung von Knoten zu Gleisen und Graphenkanten zu Weichen in b). Die Kantenmenge $\mathcal{E}$ kodiert die Möglichkeit, über Weichen die Gleise zu wechseln. Den Kanten $E^{1,4}$ und $E^{1,2}$ ist die Weiche W_1 mit den vier dazugehörigen HMMs zugeordnet. Die Modelle $\Lambda_{1,2}$ („spitz links") und $\Lambda_{1,4}$ („stumpf links") sind der Kante $E^{1,4}$ in positiver und negativer Richtung ($E^{4,1} = -E^{1,4}$) zugeordnet. Die Kante $E^{1,2}$ beschreibt durch die zugeordneten Modelle $\Lambda_{1,1}$ und $\Lambda_{1,3}$ die Möglichkeit „spitz/stumpf rechts" zu fahren.

gungspunkt zwischen den Knoten bestimmen. Die Kantenrichtung indiziert, ob es sich um eine spitze (1) oder stumpfe Befahrung (-1) der zugeordneten Weiche handelt. Die Kantengewichte werden genutzt, um gesonderte Abbiegerestriktionen zu kodieren, sollte es sich um spezielle Weichen, beispielsweise mit einer Vorzugsrichtung [Holzmann u. a. 2004], handeln. Aus Bild 5.3 a) wird ebenfalls ersichtlich, dass die in den Knoten abgebildeten Gleise eine Richtung beinhalten, um die Objektverfolgung in der Karte zu ermöglichen.

Neben der Ableitung der Topologie aus vorhandenem Datenmaterial erlaubt die Verwendung topologischer Karten auch die einfache manuelle Erstellung von Grund auf. So kann für Nebenbahnen oftmals von Zugführern oder Streckenpersonal der Gleisplan direkt skizziert werden. Ist die Topologie auf die eine oder andere Art bestimmt, müssen die Distanzen zwischen den initialisierten Landmarken bestimmt werden.

5.1.2.2 Bestimmung der Gleislängen

Der direkte Weg für die Bestimmung der Gleislänge ist das Zurückgreifen auf vorhandene Information. Mit der gegebenen Streckenkilometrierung oder aus geometrisch vermessenen Karten kann die Distanz zwischen Weichenanfängen gewonnen und im entsprechenden Knoten als Gewichtung abgelegt werden [Schnieder u. a. 2009]. Allerdings ist die Streckenkilometrierung im Allgemeinen zu ungenau, um eine präzise Lokalisierung zu erlauben [Böhringer 2008]. Auch die durch das WSS gewonnene Distanzinformation kann unter Umständen Abweichungen zu einer geometrisch vermessenen Gleislänge aufweisen[2]. Als Alternative zu *a priori* Wissen bietet sich die Schätzung der Gleislängen aus vorliegenden Messfahrten an. Dies geschieht bei Kenntnis der Topologie automatisiert, indem die Ergebnisse der Weichenerkennung genutzt werden, um mehrere Messungen zu ballen [Hensel u. Hasberg 2009b]. Hierbei ist es aufgrund der eindimensionalen Bewegung unerheblich, ob die Entfernung zwischen zwei Landmarken durch die vorgestellte Geschwindigkeitsschätzung gewonnen oder die Anzahl gezählter Schwellen repräsentiert wird. Aus den Messungen wird anschließend die Distanz zwischen den Weichenanfängen geschätzt. Aufgrund der in Kapitel 4 angewandten Verfahren sind in den Messungen größere Abweichungen durch Falschdetektionen oder -klassifikationen enthalten, die sich als Ausreißer in den Daten manifestieren. Die Schätzung wird daher mit robusten Schätzverfahren durchgeführt. Unter Berücksichtigung der Erkennungsrate ist eine Ausreißerzahl von deutlich unter 50% zu erwarten, so dass in dieser Arbeit *M-Estimatoren* eingesetzt werden[3] [Rousseeuw u. Leroy 2003; Huber u. Ronchetti 2009]. Diese minimieren im Gegensatz zu gebräuchlichen Kleinste-Quadrate-Schätzern nicht die quadratische Summe der Residuen $\sum_i \hat{e}_i^2$ sondern

---

[2]Als anschauliches Beispiel sei die Fahrt auf einem Kreis genannt, bei dem der Sensor die rechte Gleislänge misst, in der Karte aber die Mitte des Gleises den Bezugspunkt bildet.

[3]Sollte aufgrund einer mangelhaften Detektionsleistung die Ausreißerzahl steigen, kann das *random sample consensus (RANSAC)* Verfahren angewandt werden, das gegenüber klassischen M-Estimatoren einen höheren Bruchpunkt aufweist [Hartley u. Zisserman 2004]

ersetzen die quadratische Funktion durch die Funktion $\rho(.)$, was zu

$$\min \sum_{i}^{N} \rho(\hat{e}_i), \tag{5.1}$$

gegeben N Beobachtungen, führt. Die Nutzung dieser Funktion, bzw. ihrer Ableitung, der sog. *Einflussfunktion* ψ, hat eine Gewichtung der Messungen zur Folge, so dass große Residuen einen geringeren Einfluss auf die Schätzung der Parameter ausüben. In der Literatur gibt es eine Vielzahl verschiedener Einflussfunktionen [Zhang 1997], deren Implementierung mittels eines iterativen, gewichteten Kleinste-Quadrate-Schätzers (engl. *iterative reweighted least squares (IRLS)*) erfolgt.

5.1.2.3 Integration spezifischer Merkmale

Die Ortsbestimmung mit Wirbelstromsensoren bietet neben Distanz- und Weicheninformation noch die Möglichkeit andere Infrastrukturmerkmale abzubilden. Diese Merkmale, beispielsweise der Schwellenabstand an einer bestimmten Gleisposition [Mesch u. a. 2000; Puente-Léon u. Engelberg 2005], können direkt in den das Gleis repräsentierenden Knoten abgespeichert werden. Hierbei ist zu beachten, dass die Merkmale, ähnlich der Gleislänge, aus der Mittelung mehrerer Messfahrten gewonnen werden müssen oder in Form spezifischer Referenzmuster direkt hinterlegt werden können [Hensel u. Hasberg 2010]. Steht dieser *elektromagnetische Atlas* zur Verfügung, ist es möglich, die Positionswahrscheinlichkeit auf einem Knoten nicht nur mit Weicheninformation, sondern durch zusätzliche Landmarken auf dem Gleis und einer daraus resultierenden erhöhten Messfrequenz zu bestimmen.

5.2 Szenarien

In Abhängigkeit der verfügbaren Weicheninformation sind zwei unterschiedliche Anwendungsszenarien für die WSS basierte Lokalisierung gegeben, die beide in der Arbeit betrachtet werden sollen.

5.2.1 Lokalisierung auf Basis der Weichendetektion

Die Erstellung des Detektions-HMM erfolgt, verglichen mit den Klassifikationsmodellen, mit einem deutlich reduzierten Datenaufwand. Die Erkennung von

Weichenanfängen $\mathcal{W}_{\mathrm{Detekt}}$ kann daher auch in Gebieten angewandt werden, in denen die Daten für eine Klassifikation noch nicht gewonnen wurden oder nicht gewonnen werden können:

1. Der Einsatz des WSS auf Nebenstrecken mit Rangierbahnhöfen oder sog. Gleisharfen stellt besondere Anforderungen an die Lokalisierung. Ein Beispiel ist in Bild 5.4 gegeben, das einen Ausschnitt des Rangierbahnhofes Kornwestheim zeigt. Die Weichen werden hier typischerweise in kürzester Zeit auf engstem Raum verlegt und sind von identischem Typ. Die Infrastruktur weist dadurch nur minimale, im schlimmsten Falle keine, lokale Besonderheiten auf, wodurch die Klassifikation deutlich erschwert bzw. ohne eine mögliche Suchraumeinschränkung komplett verhindert wird. Trotzdem kann bei gegebener Topologie durch die Kombination von Odometrie- und Detektionsinformation eine Lokalisierung durch sukzessiven Positionshypothesenausschluss erreicht werden.

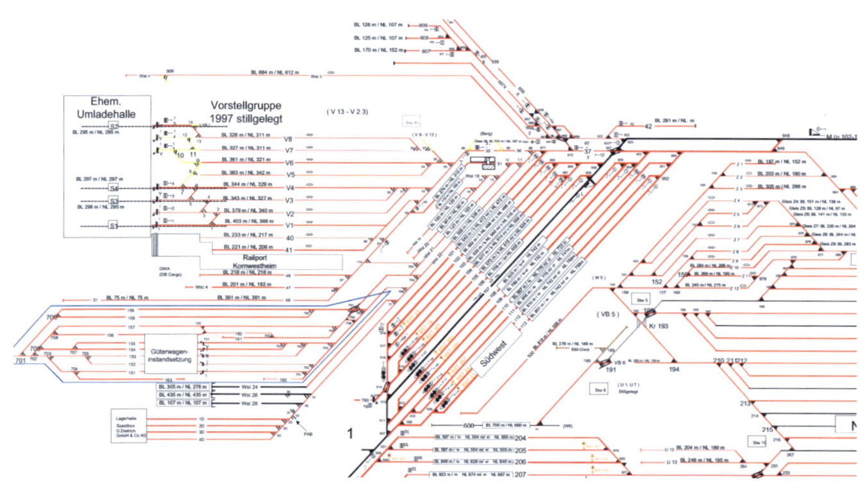

Bild 5.4: Ausschnitt des Rangierbahnhof Kornwestheim [Netze 2009].

2. Die Gewinnung geeigneter Trainingssequenzen für Klassifikationsmodelle ist mit hohem manuellem Aufwand verbunden. Stehen nur Detektionsereignisse zur Verfügung, wird in [Hensel u. Hasberg 2009b; Hasberg u.

Hensel 2010b] auf Basis von Distanzschätzungen zwischen Weichenanfängen in einer nachträglichen Datenauswertung der Fahrweg rekonstruiert. Mit diesem ist es möglich, einzelnen Ereignissen spezifische Weichenbefahrungen zuzuordnen und damit Trainingssequenzen für die nachfolgende Klassifikation automatisiert zu erzeugen.

5.2.2 Lokalisierung auf Basis der Weichenklassifikation

Damit die Klassifikation mit HMMs durchgeführt werden kann, muss die Verfügbarkeit von Trainingssequenzen und das Einsatzgebiet betrachtet werden. Die in Kapitel 4 vorgestellte Weichenerkennung eignet sich besonders für Nebenstrecken. Diese zeichnen sich durch eine relative geringe Anzahl von Weichen aus, die gehäuft in Bahnhöfen verlegt sind. Die Weichen variieren in Typ, Stellwerk und Verlegedatum, da die Strecken kontinuierlich ausgebaut und erneuert werden. Häufig sind in der Nähe von Weichen Bahnübergänge vorhanden oder Kommunikations- und Energieversorgungskabel sind im Wirkungsbereich des WSS verlegt. Nebenstrecken weisen dadurch auch für eine große Weichenanzahl eine ausreichende Diskriminanz für die HMM-basierte Klassifikation auf.

Da die Bahnhöfe typischerweise durch längere Gleisabschnitte getrennt sind, sind die größten Positionsabweichungen vor dem Bahnhofsbeginn zu erwarten. Innerhalb der Bahnhöfe ist eine hohe Anzahl Weichen für die landmarkenbasierte Korrektur integrativer Drift gegeben, während die Distanzschätzung, aufgrund niedriger Fahrgeschwindigkeiten und häufiger Zughalts, systembedingt eine höhere Ungenauigkeit aufweist (siehe Kapitel 3). Ein typisches Beispiel für eine Nebenstrecke stellt das in dieser Arbeit ausführlich untersuchte Streckennetz der Albtalbahn dar.

5.3 Rekursive Positionsschätzung

5.3.1 Problemformulierung im Zeitbereich

Für die eindeutige Positionsbestimmung eines Objekts in der Karte $\mathcal{G}$ müssen das Gleis V_t und die relative Position x_t^{rel} auf diesem zum aktuellen Zeitpunkt t bekannt sein. x_t^{rel} liegt im Intervall $[0,1)$, wobei $x^{rel} = 0$ den Weichenanfang am Startpunkt des Gleises bezeichnet. Die Position ist nicht direkt beobachtbar, sondern wird aus der mit Hilfe des WSS gewonnenen Information geschätzt. Durch die dieser innewohnenden Unsicherheit wird die Position als Zufallsvariable aufgefasst, die es zu inferieren gilt. Hierzu fasst man x_t^{rel} und V_t in dem

Zustandsvektor $\boldsymbol{x}_t$ zusammen, der eine Realisierung des zeitdiskreten stochastischen Prozesses $\{X_t\}$ darstellt. Zusätzlich liegen bekannte Steuergrößen in $\{U_t\}$ vor, die ebenfalls den Zustand beeinflussen. Beobachtungen werden durch den auf $\{X_t\}$ bedingten Prozess $\{Y_t\}$ repräsentiert. Dieser Zusammenhang kann analog Kapitel 4.2.1 durch ein graphisches Modell veranschaulicht werden, das in Bild 5.5 dargestellt ist. Im Gegensatz zu den vorgestellten Markowmodellen ist in diesem auch die verdeckte Zufallsvariable auf einen kontinuierlichen Wertebereich definiert.

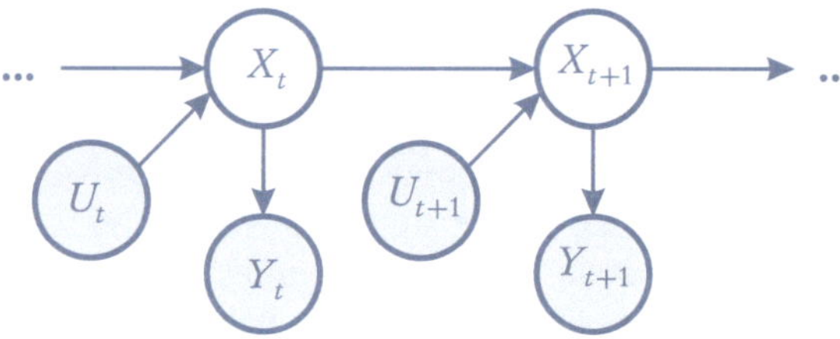

Bild 5.5: Graphisches Modell für die Lokalisierung eines Schienenfahrzeuges mit den Prozessen $\{U_t\}$, $\{X_t\}$ und $\{Y_t\}$.

Die Beobachtungen aus $\{Y_t\}$ setzen sich aus den detektierten Weichenanfängen $\boldsymbol{z}^{\mathrm{D}}_{1:t}$, mit $\boldsymbol{z}^{\mathrm{D}}_{1:t} = (z^{\mathrm{D}}_1, ..., z^{\mathrm{D}}_t)^{\mathrm{T}}$ aus $\mathcal{W}_{\mathrm{Detekt}}$ und den Ergebnissen der Weichenklassifikation $\boldsymbol{z}^{\mathrm{K}}_{1:t}(z^{\mathrm{K}}_1, ..., z^{\mathrm{K}}_t)^{\mathrm{T}}$ aus $\mathcal{W}_{\mathrm{Klass}}$ zusammen, sodass für eine einzelne Beobachtung $\boldsymbol{y}_t = (z^{\mathrm{D}}_t, z^{\mathrm{K}}_t)^{\mathrm{T}}$ gilt. Im Weiteren wird die Annahme getroffen, dass $\boldsymbol{z}^{\mathrm{D}}_{1:t}$ und $\boldsymbol{z}^{\mathrm{K}}_{1:t}$ statistisch unabhängig sind und eine topologische Karte $\mathcal{G}$ gegeben ist. Im Gegensatz zur Weichenerkennung, deren Ergebnisse als unsicherheitsbehaftete Beobachtungen behandelt werden, wird der zurückgelegte Weg in der Steuergröße $\boldsymbol{u}_{1:t}$ modelliert. In der Arbeit erfolgt die Formulierung der Steuergröße zunächst im Zeitbereich mit Hilfe der Geschwindigkeitsschätzung aus Kapitel 3, sodass $\boldsymbol{u}_{1:t} = (u_1, ..., u_t)^{\mathrm{T}}$ mit $u_t = \hat{v}(t)$ gilt. Die Größe u_t zum Zeitpunkt t soll im Folgenden immer der Änderung in einem Zeitintervall $(t-1; t]$ entsprechen und unabhängig von u_{t-1} sein. Weiterhin soll gelten, dass zuerst die Steuergröße u_t und danach die aktuelle Messung $\boldsymbol{y}_t$ verarbeitet wird. Die Wahrscheinlichkeit, sich zum Zeitpunkt t an der Position $\boldsymbol{x}_t$ der Karte $\mathcal{G}$ zu befinden, wird unter Nutzung aller bisherigen Beobachtungen $\boldsymbol{y}_{1:t} = (\boldsymbol{y}_1, ..., \boldsymbol{y}_t)^{\mathrm{T}}$ und Steuergrößen, sowie den getroffenen Unabhängigkeitsannahmen, durch folgende Verteilung beschrieben [Thrun u. a. 2005]:

$$p(\boldsymbol{x}_t | \boldsymbol{y}_{1:t}, \boldsymbol{u}_{1:t}, \mathcal{G}) = p(\underbrace{x^{\mathrm{rel}}_t, V_t}_{\boldsymbol{x}_t} | \underbrace{\boldsymbol{z}^{\mathrm{D}}_{1:t}, \boldsymbol{z}^{\mathrm{K}}_{1:t}}_{\boldsymbol{y}_{1:t}}, \boldsymbol{u}_{1:t}, \mathcal{G}) \tag{5.2}$$

Eine rekursive Lösung von Gleichung 5.2 ist durch das rekursive Bayes-Filter gegeben (eine Herleitung findet sich in Anhang A.2.1). Dieses kann mit den gegebenen Bezeichnungen und unter Verwendung der Normalisierungskonstanten η wie folgt formuliert werden:

$$\underbrace{p(x_t|y_{1:t}, u_{1:t}, \mathcal{G})}_{\text{neue a posteriori Dichte}} = \eta \underbrace{p(y_t|x_t, \mathcal{G})}_{\text{Likelihood}} \cdots$$

$$\int \underbrace{p(x_t|x_{t-1}, u_t, \mathcal{G})}_{\text{Transitionsdichte}} \underbrace{p(x_{t-1}|y_{1:t-1}, u_{1:t-1}, \mathcal{G})}_{\text{alte a posteriori Dichte}} dx_{t-1} \qquad (5.3)$$

Für die weitere Formulierung und eine mögliche Berechnung müssen die Transitionsdichte und die Likelihood für Gleichung 5.3 bestimmt werden.

5.3.2 Modellierung der Transitionsdichte

Für die Transitionsdichte folgt aus den Gleichungen 5.2 und 5.3

$$p(x_t|x_{t-1}, u_t, \mathcal{G}) = p(x_t^{\text{rel}}, V_t|x_{t-1}^{\text{rel}}, V_{t-1}, u_t, \mathcal{G}). \qquad (5.4)$$

Diese Gleichung wird mit Hilfe der Definition bedingter Wahrscheinlichkeiten zu

$$p(x_t^{\text{rel}}, V_t|x_{t-1}^{\text{rel}}, V_{t-1}, u_t, \mathcal{G}) =$$
$$P(V_t|x_t^{\text{rel}}, x_{t-1}^{\text{rel}}, V_{t-1}, u_t, \mathcal{G}) \, p(x_t^{\text{rel}}|x_{t-1}^{\text{rel}}, V_{t-1}, u_t, \mathcal{G}) \qquad (5.5)$$

weiter umgeformt. Dies erlaubt eine getrennte Betrachtung der Terme auf der rechten Seite, die den Transitionsdichten relativer Position und Knoten entsprechen.

Transitionsdichte Position

Die aktuelle Position x_t^{rel} innerhalb des Knotens hängt von der Knotenzugehörigkeit V_{t-1}, der Steuergröße u_t und der relativen Position zum letzten Zeitpunkt x_{t-1}^{rel} ab. Sie wird in Abhängigkeit von der auf dem betrachteten Knoten $V_{t-1} = V^i$ zurückgelegten absoluten Strecke x_t^{abs} und der dem Knoten zugeordneten Länge $d_{\text{V}}(V_{t-1})$ mit $x_t^{\text{rel}} = x_t^{\text{abs}}/d_{\text{V}}(V_{t-1} = V^i)$ berechnet. Unter der Voraussetzung einer bekannten und statischen Karte kann somit zu jedem Zeitpunkt die der relativen Position äquivalente absolute Position berechnet werden.

Obwohl die in der Steuergröße gegeben Information über die zurückgelegte Distanz durch beliebige Sensoren bereitgestellt werden kann, soll zunächst die in Kapitel 3.2 geschätzte Geschwindigkeit genutzt werden. Diese ist das Resultat einer Kalman-Filterung und repräsentiert die Gaußverteilung $\mathcal{N}(v(t)|\hat{v}(t),\sigma_{\hat{v}}^2(t))$ mit Erwartungswert $\hat{v}(t)$ und Standardabweichung $\sigma_{\hat{v}}(t)$. Unter der Annahme konstanter Geschwindigkeit innerhalb eines Zeitschrittes T_S, und eines invarianten Systemmodells, wird für die Berechnung des Zustandes die allgemeine lineare stochastische Zustandsraumformulierung

$$x_t = \mathbf{A}x_{t-1} + \mathbf{B}u_t + v_t \tag{5.6}$$

verwendet [Stiller 2008]. Mit dieser kann die dem Modell entsprechende Transitionsdichte wie folgt definiert werden [Arulampalam 2002]:

$$p(x_t|x_{t-1},u_t) = p_v(x_t - \mathbf{A}x_{t-1} - \mathbf{B}u_t). \tag{5.7}$$

Aufgrund der eindimensionalen Struktur der Bewegung, sind Parameter und Variablen Skalare. Die Zustandsvariable x_t bezeichnet die Distanz x_t^{rel}, die Steuervariable den Geschwindigkeitsschätzwert des Kalman-Filters mit $u_t = \hat{v}(t)$, die Steuermatrix $\mathbf{B}$ die Schrittweite T_S und die Systemmatrix $\mathbf{A}$ wird zu Eins. Das Prozessrauschen $v_t = T_S f_t$ wird als additives, mittelwertfreies, weißes und normalverteiltes Rauschen modelliert. Die Transitionsdichte der Position ist damit gegeben zu

$$p(x_t^{\text{rel}}|x_{t-1}^{\text{rel}},V_{t-1},u_t,\mathcal{G}) = p_v(x_t^{\text{rel}} - x_{t-1}^{\text{rel}} - T_S\hat{v}_t). \tag{5.8}$$

Das Prozessrauschen setzt sich aus den zwei Einflüssen der geschätzten Geschwindigkeitsunsicherheit $\mathcal{N}(e_t^{\hat{v}}|0,\sigma_{\hat{v}}^2(t))$ und einem konstanten Anteil $\mathcal{N}(e^{\text{m}}|0,\sigma_{\text{m}}^2)$ der die Systemunsicherheit beschreibt, zusammen. Damit gilt $f_t = e_t^{\hat{v}} + e^{\text{m}}$ und aus den Gleichungen 5.5 und 5.8 folgt die Transitionsdichte der relativen Position zu

$$p(x_t^{\text{rel}}|x_{t-1}^{\text{rel}},V_{t-1},u_t,\mathcal{G}) \sim \mathcal{N}(x_t^{\text{rel}}|x_{t-1}^{\text{rel}} + \frac{T_S}{d_V(V_{t-1})}u_t, \frac{\sigma_{f_t}^2}{(d_V(V_{t-1}))^2}). \tag{5.9}$$

Transitionsdichte Knoten

Für die Knotentransitionsdichte gilt

$$P(V_t|x_t^{\text{rel}},x_{t-1}^{\text{rel}},V_{t-1},u_t,\mathcal{G}) = P(V_t|x_t^{\text{rel}},V_{t-1},\mathcal{G}). \tag{5.10}$$

Sie ist unabhängig von x_{t-1}^{rel} aufgrund der Definition von x_t^{rel} als Zustandsvariable, in der bereits alle Information der relativen Position zum Zeitpunkt t enthalten ist [Stiller 2008]. Zusätzlich kann die Steuergröße u_t unbetrachtet bleiben, deren Information ebenfalls in x_t^{rel} enthalten ist. Die Wahrscheinlichkeit eines Knotens ist somit abhängig von der aktuellen Position und der vorherigen Knotenwahrscheinlichkeit. Der Übergang zwischen Knoten erfolgt über mögliche verbindende Kanten und wird durch das Über- oder Unterschreiten der dem Knoten V_{t-1}^i zugewiesenen Gleislänge ausgelöst. Sei $\mathcal{V}_t^j = \{V^1, ..., V^\Gamma\}$ die Menge der Γ Folgeknoten, definiert in der Adjazenzmatrix $\mathbf{G}$ der Karte $\mathcal{G}$. Für die Transitionsdichte der Knotenwahrscheinlichkeit eines Knotens gilt dann

$$P(V_t = V^j | x_t^{\mathrm{rel}}, V_{t-1} = V^i, \mathcal{G}) = \frac{1}{\Gamma} P(V_{t-1} = V^i)$$

$$\wedge \quad P(V_t = V^i | x_t^{\mathrm{rel}}, V_{t-1} = V^i, \mathcal{G}) = 0, \quad (5.11)$$

für $x_t^{\mathrm{rel}} < 0 \ \vee \ x_t^{\mathrm{rel}} \geqq 1$ und $V^j \in \mathcal{V}_t^j$. Wird keine Knotengrenze überschritten, gilt

$$P(V_t = V^i | x_t^{\mathrm{rel}}, V_{t-1} = V^i, \mathcal{G}) = P(V_{t-1} = V^i). \quad (5.12)$$

5.3.3 Modellierung der Likelihood

Nach der Festlegung der Transitionsdichte erfolgt die Beschreibung der Likelihood des Bayes-Filters. Mit der Einbindung der Geschwindigkeitsschätzung als bekannte Steuergröße, werden Messungen durch die Weichenerkennung, aufgeteilt in Detektion z_t^{D} und Klassifikation z_t^{K}, repräsentiert. Beide repräsentieren diskrete Zufallsvariablen, so dass dies auch für die Likelihood gilt. Daraus folgt mit den Gleichungen 5.2 und 5.3 und unter der Annahme statistischer Unabhängigkeit der Messungen

$$P(y_t | x_t, \mathcal{G}) = P(z_t^{\mathrm{D}}, z_t^{\mathrm{K}} | x_t^{\mathrm{rel}}, V_t, \mathcal{G})$$
$$= P(z_t^{\mathrm{D}} | x_t^{\mathrm{rel}}, V_t, \mathcal{G}) P(z_t^{\mathrm{K}} | x_t^{\mathrm{rel}}, V_t, \mathcal{G}). \quad (5.13)$$

Likelihood der Weichendetektion

Die Detektion einer Weiche stellt eine diskrete Zufallsvariable dar, die bei Auftreten einer Weichendetektion den Wert Eins annimmt und für alle anderen Zeitpunkte den Wert Null, so dass

$$z_t^{\mathrm{D}} = \begin{cases} 1 & \text{für } t \in \mathcal{W}_{\text{Detekt}} \\ 0 & \text{sonst} \end{cases} \tag{5.14}$$

gilt. Das Eintreten des Detektionsereignisses stellt die Messung aller Weichenanfänge der topologischen Karte $\mathcal{G}$ dar. Da die Bestimmung des Weichenanfangs das Resultat der in Kapitel 4 beschriebenen statistischen Mustererkennung ist, stellt sie ebenfalls eine unsicherheitsbehaftete Größe dar. Fehlereinflüsse sind einerseits eine ungenaue Positionsangabe, die aus Unsicherheiten in der Segmentierung und der Erzeugung des Ortssignals entsteht. Andererseits ist es möglich, dass eine spitze Weichenbefahrung als stumpfe Befahrung erkannt wird, was der Vertauschung von Weichenanfang (WA) und -ende (WE) entspricht. Die Wahrscheinlichkeit der korrekten Erkennung ϵ kann direkt aus den Ergebnissen der Weichendetektion in Tabelle 4.7 gewonnen werden. Mit diesen Annahmen lässt sich eine Sensormessung modellieren, die für eine exemplarische Weiche in Bild 5.6 dargestellt ist. Das Messmodell wird in der Arbeit unter der Annahme

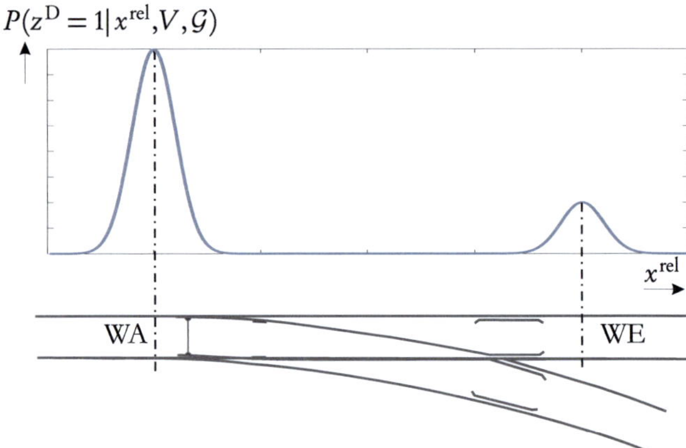

Bild 5.6: Darstellung der Likelihood bei Detektion einer Weiche. Für die Visualisierung wurde eine korrekte Weichenanfangsdetektion von $\epsilon = 80\%$ angenommen.

normalverteilter Positionsunsicherheiten durch die Summation zweier Gaußverteilungen

$$p(x_t^{\text{rel}} | z_t^{\mathrm{D}} = 1, V_t, \mathcal{G}) = \epsilon\, \mathcal{N}(x^{\text{rel}} | \mu_{\text{start}}, \sigma_{\text{start}}^2) + (1 - \epsilon)\, \mathcal{N}(x^{\text{rel}} | \mu_{\text{ende}}, \sigma_{\text{ende}}^2) \tag{5.15}$$

modelliert. Für die erste Komponente gilt $\mu_{\text{start}} = 0$, mit der Varianz der Positionsungenauigkeit $\sigma^2_{\text{start}} = \sigma^2_{\text{M}}$, die empirisch aus Weichenbefahrungen gewonnen werden kann. Die zweite Komponente modelliert den Einfluss einer Vertauschung von Weichenende und -anfang. Der Erwartungswert spiegelt dabei die mittlere Länge $\bar{l}_{\text{W}}$ der in einem betrachteten Gebiet verlegten Weichentypen mit $\mu_{\text{ende}} = \bar{l}_{\text{W}}$ wider. Die Varianz $\sigma^2_{\text{ende}} = \sigma^2_{\text{M}} + \sigma^2_{\bar{l}_{\text{W}}}$ repräsentiert eine Kombination der Unsicherheit aus Position und Weichenlänge $\sigma^2_{\bar{l}_{\text{W}}}$. Mit diesem Sensormodell kann die Likelihood für jeden Knoten der Menge $\mathcal{V}$ in Abhängigkeit der Topologie $\mathcal{G}$ angegeben werden. Aus letzterer kann auch die Anzahl der auf dem Gleis vorhandenen Weichenenden bestimmt werden. Bild 5.7 zeigt zur Veranschaulichung die topologische Darstellung eines Schienennetzes und dessen Überführung in einen Graphen analog Bild 5.3. In dem Bild wird ersichtlich, dass für die

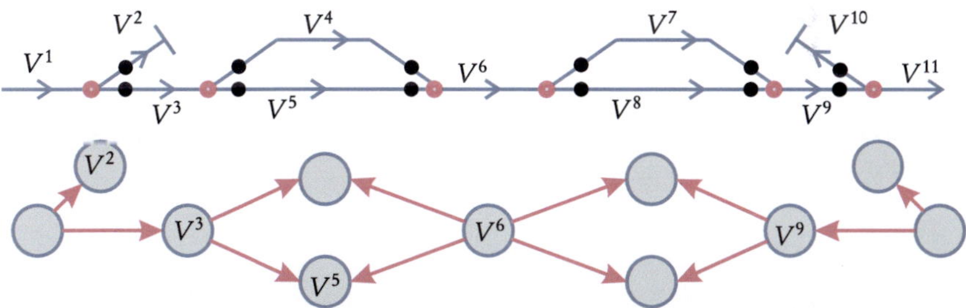

Bild 5.7: Veranschaulichung der möglichen Fälle der Detektionslikelihood $P(z_t^{\text{D}} = 1 | x_t^{\text{rel}}, V_t, \mathcal{G})$. Die obere Bildhälfte zeigt ein Gleisnetz, aus dem die topologische Karte der unteren Bildhälfte analog Bild 5.3 abgeleitet wird. Weichenanfänge sind als rote, Weichenenden als schwarze Kreise markiert. Die Knoten V^2, V^3, V^5, V^6 und V^9 repräsentieren real auftretende Fälle.

Bewegung in einem Netz die Likelihood jeder Gleiskante einem von fünf Fällen entspricht. Die Likelihoods für die Knoten V^3 und V^5 sind exemplarisch in Bild 5.8 gezeigt, die übrigen Fälle können analog abgeleitet werden. Für den Fall $z_t^{\text{D}} = 0$ repräsentiert die Likelihood eine Gleichverteilung über das ganze Schienennetz.

Likelihood der Weichenklassifikation

Die Weichenklassifikation entspricht im Gegensatz zur Detektion der Feststellung einer spezifischen Weiche und ihrer Befahrungsrichtung. Die Klassifikation stellt eine diskrete Zufallsvariable dar, deren Wertebereich die Menge der Graphenkanten in $\mathcal{E}$ darstellt. Es beschreibe $z_t^{\text{K}} = E^{i,j}$ das Klassifikationsergebnis, die Kante $E^{i,j}$ zum Zeitpunkt t zu passieren. Damit gilt in Abhängigkeit einer

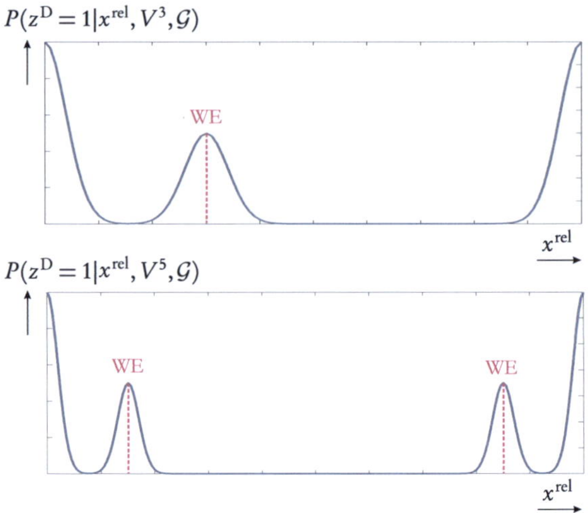

Bild 5.8: Detektionslikelihoods für die Kanten V^3 (oben) und V^5 (unten) aus Bild 5.7. Die Gleislänge wurde jeweils willkürlich und zur Veranschaulichung des Einflusses unterschiedlich gewählt.

vorhandenen Klassifikation

$$z^{\mathrm{K}}_t = \begin{cases} E^{i,j} & \text{für } t \in \mathcal{W}_{\mathrm{Klass}} \\ 0 & \text{sonst.} \end{cases} \tag{5.16}$$

Sie liefert damit Information über die zum Übergang genutzte Kante E_t sowie über die Herkunftknoten $V_{t-1} = V^i$ und Zielknoten $V_t = V^j$. Im Gegensatz zur Detektionslikelihood, die auf die relative Position bedingt ist, führt das Klassifikationsergebnis zu der ausschließlichen Beeinflussung der Knotenwahrscheinlichkeit. Diese Annahme wird getroffen, da jeder Klassifikation eine Detektion vorausgeht und letztere damit keine zusätzliche Information über die relative Position enthält, so dass gilt

$$P(z^{\mathrm{K}}_t|x^{\mathrm{rel}}_t,V_t,\mathcal{G}) = P(z^{\mathrm{K}}_t|V_t,\mathcal{G}). \tag{5.17}$$

Ein Beispiel für die Auswirkung der Klassifikationslikelihood in einem Gleisnetz ist in Bild 5.9 für das Ereignis der Kantenklassifikation $z^{\mathrm{K}}_t = E^{1,2}$ gezeigt. Die Wahrscheinlichkeit $P(E^{i,j})$ hierfür entspricht der in Kapitel 4.6.2 bestimmten Klassifikationsrate. Diese Wahrscheinlichkeit wird dem Zielknoten V^j und somit dem gesamten Gleis zugeordnet. Eine mögliche Falschklassifikation wird abgebildet, in dem bei einer Gesamtknotenanzahl K allen anderen Knoten zu

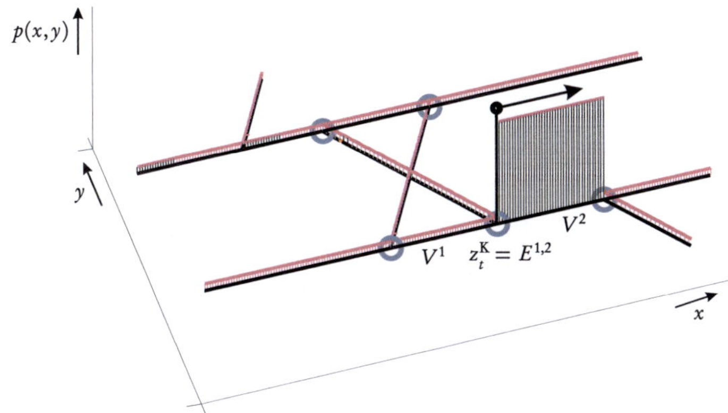

Bild 5.9: Darstellung der Klassifikationslikelihood $P(z_t^{\mathrm{K}} = E^{1,2}|V_t,\mathcal{G})$ für die Projektion in ein Beispielgleisnetz.

gleichen Anteilen die Wahrscheinlichkeit des Gegenereignisses $1 - P(E^{i,j})$ zugewiesen wird. Somit gilt für die Likelihood der Weichenklassifikation

$$P(z_t^{\mathrm{K}} = E^{i,j}|V_t,\mathcal{G}) = \begin{cases} P(E^{i,j}) & \text{für } V_t = V^j \\ \frac{1-P(E^{i,j})}{(K-1)} & \text{für } V_t \neq V^j. \end{cases} \tag{5.18}$$

5.3.4 Formulierung für die ereignisbezogene Distanzmessung

In diesem Unterkapitel werden die nötigen Anpassungen der gegebenen Formulierung für eine ereignisbezogene Lokalisierung erläutert. Die Vorteile der bisher beschriebenen Lokalisierung im Zeitbereich mit Hilfe der geschätzten Geschwindigkeit ist besonders geeignet, um mit INS kombiniert zu werden oder alternative Geschwindigkeitssensoren zu integrieren. Hauptnachteil der Sensoren und Formulierung ist die vorhandene integrative Drift. Ein Zusätzlicher Nachteil stellt die an den Zeitbereich geknüpfte Aktualisierung der Messungen und Filterschritte. Dies führt bei einem Zughalt zu dem „Zerfließen" der Position, bei hohen Geschwindigkeiten zu einer geringen Aktualisierungsrate über lange Streckenabschnitte.

Es wird daher eine zweite Formulierung betrachtet, die sich die ereignisbezogene Distanzschätzung aus Kapitel 3.3 zunutze macht. Voraussetzung bildet die Weichenerkennung, mit deren Hilfe präzise Landmarken bestimmt werden, für die jeweils paarweise der Abstand in Schwellen bestimmbar ist. Damit können anstelle der Distanzinformation in Metern Ereignisse als Distanzmaß genutzt werden. Die diskrete Natur des Zählprozesses erlaubt die Verwendung der Ereignisse als neue Schrittweite des Bayes-Filters. Zu diesem Zweck wird der Zeitindex t durch den ereignisbasierten Positionsindex k ersetzt. Dieser Index wird durch das Auftreten eines Ereignisses im Zählalgorithmus um ein Inkrement erhöht, wodurch eine explizite Angabe der Distanzinformation durch die Steuergröße $u_{1:t}$ entfällt und in dieser nur das Vorzeichen der Geschwindigkeit als -1 oder $+1$ übergeben werden muss.

Transitionsdichte

Da die zurückgelegte Wegstrecke durch das Zählinkrement bestimmt wird, gilt mit dem Systemmodell konstanter Geschwindigkeit die Zustandsraumformulierung

$$x_k = x_{k-1} + u_k + v_k. \tag{5.19}$$

Analog Kapitel 5.3.2 wird mit v_k ein mittelwertfreies, additives, weißes Gauß'sches Prozessrauschen mit der Varianz $\sigma_{f_k}^2$ definiert, das sich aus der Varianz der Systemunsicherheit und der Distanzschätzung zusammensetzt, womit für die ereignisbasierte Transitionsdichte

$$p(x_k^{\mathrm{rel}}|x_{k-1}^{\mathrm{rel}}, V_{k-1}, \mathcal{G}) \sim \mathcal{N}(x_k^{\mathrm{rel}}|x_{k-1}^{\mathrm{rel}} + \frac{1}{d_\mathrm{V}(V_{k-1})}, \frac{\sigma_{f_k}^2}{(d_\mathrm{V}(V_{k-1}))^2}) \tag{5.20}$$

gilt. Diese Formulierung modelliert die Fortbewegung durch Ereignisse und stellt eine Transformation der Zeitbereichsverfolgung in den Ortsbereich dar. Dadurch werden Prädiktionsschritte nur dann durchgeführt, wenn neue Positionsinformation vorliegt, d. h. eine Fahrzeugbewegung tatsächlich stattfindet. x_k^{rel} repräsentiert die aktuelle Position auf einem Gleis in der Einheit Schwellen, der Filterindex k entspricht der seit dem Start zurückgelegten Gesamtdistanz. Neben dem bereits angesprochenen Wechsel des Indexes von t nach k ändert sich die Transitionsdichte der Knoten nicht.

Likelihood

In der Formulierung für die Filter-Likelihood ändert sich ebenfalls nur der Index, die Parameter, wie beispielsweise Weichenlängen und Unsicherheiten, werden direkt im Maßsystem der Schwellen angegeben.

5.3.5 Dichteapproximation mit sequentiellen Monte-Carlo-Methoden

Mit der vorliegenden Transitionsdichte und Beobachtungslikelihood ist eine analytisch geschlossene Lösung des rekursiven Bayes-Filters nicht mehr möglich. In dieser Arbeit werden daher sequentielle Monte-Carlo-Methoden verwendet, die die *a posteriori* Wahrscheinlichkeitsdichtefunktion des Filters durch eine diskrete, nicht-parametrische Wahrscheinlichkeitverteilung approximieren (s. Anhang A.2.4). Diese wird durch N Realisierungen, den sog. Partikeln, $\{x_t^{(n)}\}_{n=1}^N$ und den diesen zugeordneten Gewichte $w_t^{(n)}$ mit $n = 1, ..., N$, $\sum_n w_t^{(n)} = 1$ und $w_t^{(n)} \in [0,1]$, abgebildet [Arulampalam 2002]. Die Darstellung der *a posteriori* Dichte erfolgt dann allgemein durch

$$p(x_t | y_{1:t}) \approx \sum_{n=1}^{N} w_t^{(n)} \delta(x_t - x_t^{(n)}). \tag{5.21}$$

Die Bestimmung der Dichte geschieht analog klassischer Filteralgorithmen in zwei Schritten, der Prädiktion[4] und der Innovation. Mehrere Innovationsschritte führen in dem Basisalgorithmus allerdings zu einer starken Ungleichverteilung der Gewichte, was als „Sample-Degeneration" bezeichnet wird und letztendlich die Approximation mit zunehmender Zeit erschwert [Wendel 2007]. Abhilfe schafft eine Umverteilung der Gewichte durch *resampling*-Schritte, die den Basisalgorithmus zum *Sequential Importance Sampling (SIS)* erweitern [Gustafsson u. al. 2002]. Die Beschreibung des Algorithmus, der eine Neugewichtung auf Basis der sog. *effektiven Partikelzahl* durchführt, findet sich im Kontext der dynamischen Zustandsschätzung in Anhang A.2.4.1.

Die Auswertung der approximierten *a posteriori* Dichte kann auf verschiedene Arten erfolgen. Beispielsweise ist die Wahrscheinlichkeit eines Knotens $P(V^j)$ durch den gewichteten Anteil der ihm zugeordneten Partikel gegeben, mit $P(V_t^j) = \sum_n w_t^{(n)} \; \forall \; n$ mit $V_t^{(n)} = V^j$. Die Auswertung des Zustandsvektors kann ebenfalls auf verschiedene Weise ausgeführt werden, genannt seien die Kerndichteschätzung oder die Histogrammdarstellung [Thrun u. a. 2005].

5.3.5.1 Globale Initialisierung

Für die Positionsverfolgung werden eine Startposition und die Fahrtrichtung als bekannt vorausgesetzt, die allerdings nicht immer gegeben sind. Der Einsatz von

---

[4]Für den gegebenen Fall ist zu beachten, dass innerhalb jeder Prädiktion zwei Schritte für Position und Knoten ausgeführt werden, deren Reihenfolge aufgrund bedingter Abhängigkeiten nicht beliebig ist.

SMC erlaubt nicht nur die Verfolgung des Schienenfahrzeugs sondern implizit die globale Positionsinitialisierung bei gegebener Karte [Gustafsson u. al. 2002; Thrun u. a. 2005]. Die Lösung erfolgt durch Initialisierung der Anfangsposition als Gleichverteilung über den gesamten Konfigurationsraum, der im Falle von Schienenfahrzeugen das vorhandene Gleisnetz darstellt. Da die Fahrtrichtung im Gegensatz zur Positionsverfolgung nicht als gegeben betrachtet wird, werden jeweils zwei Partikel in unterschiedlicher Fahrtrichtung je Position initialisiert. Durch Messungen wird die Startverteilung sukzessive verändert bis im besten Fall eine unimodale Verteilung vorliegt und der aktuelle Aufenthaltsort bekannt ist. Ein Beispiel für einen synthetischen Bahnhof, angelehnt an den Aufbau des realen Bahnhof Busenbach im Albtal, ist in den Bildern 5.10- 5.13 gezeigt. In dem Simulationsbeispiel stehen nur Weichendetektionen als Messergebnis zur Verfügung. Die Darstellung der *a posteriori* Dichte erfolgt durch eine Kerndichteschätzung [Fahrmeir u. a. 2004], die Achse der Wahrscheinlichkeit ist für die Visualisierung jeweils skaliert.   Setzt man voraus, dass sich die Gleis-

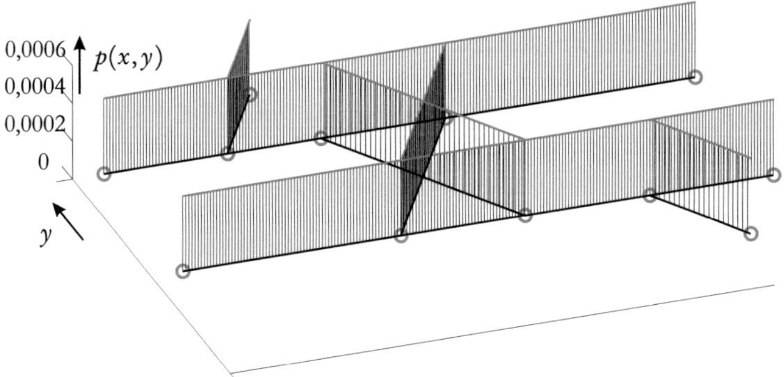

Bild 5.10: Gleichverteilung der Partikel für die Initialisierung des Filters.

längen zwischen den Weichen des betrachteten Schienennetz unterscheiden und die Fahrtrichtung nicht *a priori* bekannt ist, kann aus der Simulation die Mindestanzahl der für eine Positionsbestimmung notwendigen Weichendetektionen abgeleitet werden. Werden drei Weichen korrekt detektiert, ist die Position eindeutig gegeben, insofern die letzte Detektion der Kategorie „stumpf" zugewiesen werden kann. Handelt es sich um eine spitze Befahrung können für die folgenden Zeitpunkte nur zwei gleichwahrscheinliche Positionen angegeben werden. Während dies für Schritt haltende Verfahren nicht wünschenswert ist, kann nachträglich unter Berücksichtigung des gesamten Datensatzes eine Positionsinitialisierung und Fahrwegverfolgung erfolgen. Dies ermöglicht eine ausschließlich auf der Weichendetektion beruhende Gewinnung von Trainingssequenzen

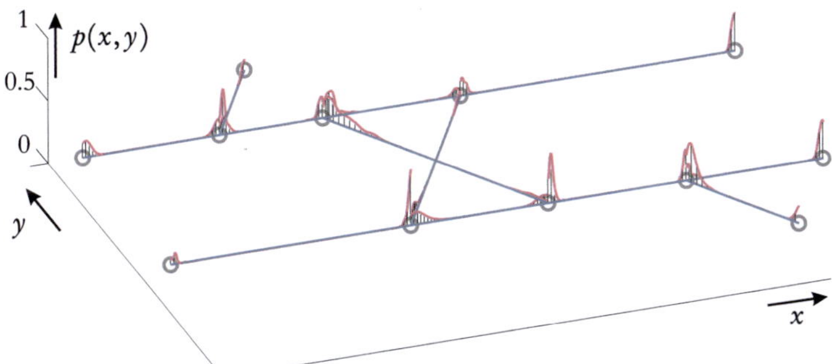

Bild 5.11: Detektion der ersten Weiche.

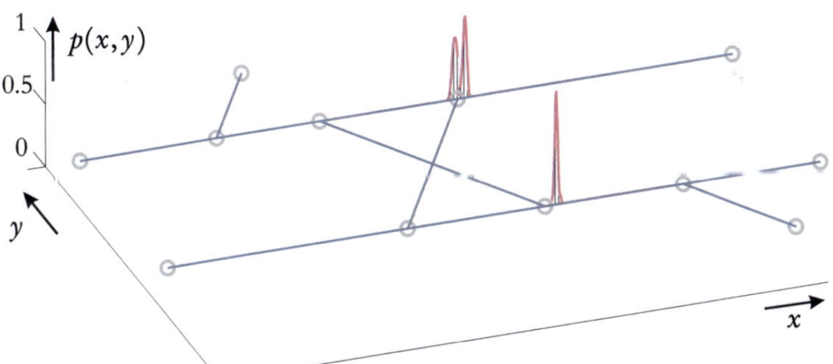

Bild 5.12: Detektion der zweiten Weiche.

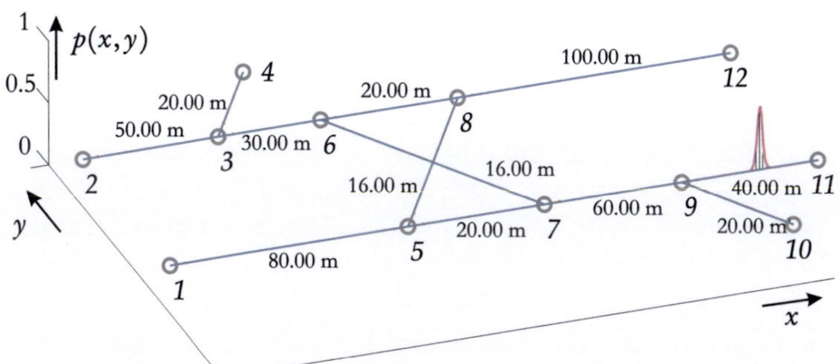

Bild 5.13: Filter konvergiert nach drei Weichendetektionen.

für die Weichenklassifikation [Hasberg u. Hensel 2010b]. Ein Nachteil der globalen Positionsbestimmung ist die im Vergleich zur Positionsverfolgung hohe

Anzahl der benötigten Partikel. Ist der Filter konvergiert, ist in der Regel eine deutlich geringere Partikelzahl ausreichend. Abhilfe schaffen Erweiterungen der Basisalgorithmen, in denen die Filterkonvergenz automatisiert bestimmt wird. Wird für die Bewertung der Konvergenz die aktuelle Likelihood der Beobachtung herangezogen, erfolgt die Wahl der Partikelzahl auf Basis der aktualisierten Gewichte [Koller u. Fratkina 1998; Fox u. a. 1999]. Ein Schwachpunkt dieser Verfahren ergibt sich bei hoher Symmetrie der zu messenden Umgebung, die zu mehreren gleichwahrscheinlichen Likelihoods bei der Messung führt. In der *KLD-Adaption* wird anstelle der Likelihood die *Kullback-Leibler-Distanz (KLD)* als Gütemaß verwendet und der Effekt der Mehrdeutigkeiten verringert. Details finden sich in [Fox 2003] und [Thrun u. a. 2005].

5.4   Ergebnisse des stochastischen Lokalisierungsansatzes

Für die Validierung des vorgeschlagenen Lokalisierungsalgorithmus wurde wiederum auf die mit der Albtalbahn gewonnenen Daten zurückgegriffen. Als problematisch erweist sich die nicht vorhandene, wahre Position des Fahrzeugs (engl. *ground truth*). Es soll daher in den folgenden Unterkapiteln das System anhand exemplarischer Situationen diskutiert werden, die auf simulierten und experimentell gewonnenen Daten basieren.

5.4.1   Ergebnisse der Kartenerzeugung

Für die Erzeugung der Karte der Albtalbahn wurde auf die vorhandenen Signallagepläne zurückgegriffen. Auf diese Weise wurde eine topologische Karte mit 41 Segmenten für die Streckenabschnitte von Busenbach bis Bad Herrenalb erstellt. Die Topologie wurde anschließend auf Basis erkannter Weichenanfänge mit der Gleislänge, gewonnen durch die in Kapitel 5.1.1 beschriebenen robusten Schätzer, erweitert. In Tabelle 5.1 sind die Ergebnisse für die Integration der geschätzten Geschwindigkeit der Präsignalentzerrung aus Kapitel 3.2 sowie der ereignisbezogenen Distanzschätzung aufgeführt. In der Tabelle sind die mit dem herkömmlichen kleinste-Quadrate-Schätzer gewonnenen Distanzen mit $\hat{d}_{\text{LS}}$, die robust geschätzten mit $\hat{d}_{\text{IRLS}}$ bezeichnet. Als Einflussfunktion des IRLS wurde die Biweight-Funktion [Zhang 1997] gewählt.

Die Reproduzierbarkeit der Wegmessung wird durch das arithmetische Mittel der Standardabweichungen in Prozent bewertet. Für das Zählen der Ereignisse ergibt sich für diese ein Wert von 0,07% für Streckenabschnitte zwischen den

Tabelle 5.1: Ergebnisse für exemplarische Gleislängenschätzungen, jeweils in Metern und Ereignissen.

Distanzschätzung in Metern				
Segment	$\hat{d}_{\text{LS}}$	$\hat{\sigma}_{\text{LS}}$	$\hat{d}_{\text{IRLS}}$	$\hat{\sigma}_{\text{IRLS}}$
1 Etzenrot $\rightarrow$ Fischweier	2847,73	18,34	2844,87	12,31
2 Fischweier $\rightarrow$ Marxzell	2621,36	11,08	2621,94	12,19
3 Marxzell $\rightarrow$ Frauenalb	2909,43	23,95	2913,58	17,48
4 Bhf. Fischweier	174,06	2,72	173,90	2,76
5 Bhf. Marxzell	21,88	1103,78	275,29	7,53
6 Bhf. Frauenalb	261,85	87,24	291,20	8,89
Distanzschätzung in Anzahl Ereignisse				
Segment	$\hat{d}_{\text{LS}}$	$\hat{\sigma}_{\text{LS}}$	$\hat{d}_{\text{IRLS}}$	$\hat{\sigma}_{\text{IRLS}}$
1 Etzenrot $\rightarrow$ Fischweier	4415,15	198,78	4382,02	2,24
2 Fischweier $\rightarrow$ Marxzell	3934,20	170,78	3973,57	4,65
3 Marxzell $\rightarrow$ Frauenalb	4378,15	5,04	4379,37	2,00
4 Bhf. Fischweier	252,00	4,15	249,86	1,58
5 Bhf. Marxzell	428,00	1,87	428,00	2,30
6 Bhf. Frauenalb	444,85	3,89	445,73	1,50

Bahnhöfen und 0,49% innerhalb der Bahnhöfe. Für die integrative Distanzschätzung ergibt sich ein Ergebnis von 0,31% auf offener Strecke bzw. 2,35% in den Bahnhöfen. In dem Anwachsen der Ungenauigkeit innerhalb der Bahnhofsbereiche zeigen sich die Auswirkungen der bereits beschriebenen Signalstörungen bei Langsamfahrtmanövern und Zughalten, sowie durch das vermehrte Auftreten von Schieneninfrastruktur innerhalb der Bahnhöfe. Anhand der Ergebnisse zeigt sich der Nutzen der ereignisbezogenen Distanzschätzung, die im Mittel eine um den Faktor viereinhalb höhere Genauigkeit aufweist. Für die folgenden Ergebnisse der Positionsverfolgung und globalen Initialisierung wird daher eine ereignisbezogene Distanz in der Einheit Schwellen zugrunde gelegt.

5.4.2 Ergebnisse der rekursiven Positionsschätzung

In den Ergebnissen für die Positionsschätzung mit SMC werden zwei Anwendungsbereiche der Lokalisierung unterschieden.

1. In der Positionsverfolgung (engl. *Tracking*) wird das System mit einer bekannten Startposition und Fahrtrichtung initialisiert. Die Weichenerkennung hat die Aufgabe, die durch Prozessrauschen und Distanzungenauigkeiten anwachsende Positionsunsicherheit zu verringern. Dieser Sachverhalt ist in Bild 5.14 für einen Übergang von Knoten V^i nach V^j und korrekter Detektion, dargestellt. Für die Simulation wurde $N = 4000$ Partikel gewählt. Die Verteilung vor dem Weichenereignis entspricht der Standardabweichung der Positionsschätzung nach einer zurückgelegten Distanz von 3000 Schwellen. Als Parameter dienten für das Prozessrauschen $\sigma_{f_k}^2 = 0{,}64$ und das Messrauschen $\sigma_M^2 = 9$, jeweils in Schwelleneinheiten. Wird die Weichenerkennung für die Positionskorrektur verwendet, ergibt

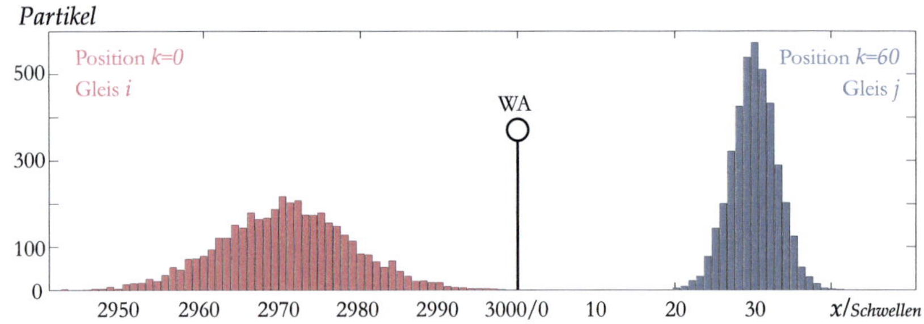

Bild 5.14: Einfluss einer korrekt detektierten Weiche auf die *a posteriori* Dichte, dargestellt als Histogramm. Die zurückgelegte Strecke entpricht $k = 60$ zurückgelegten Ereignissen. Die empirische Varianz $\hat{\sigma}_{\hat{x},k}^2$ verringert sich von 68,22 für Gleis 1 vor der Detektion (rot) auf 8,56 für Gleis 2 nach der Detektion (blau).

sich zusätzlich die Möglichkeit von Falschdetektionen und Falschklassifikationen, was separat betrachtet werden kann.

2. In der globalen Lokalisierung liegt keine Initialisierung vor, die Wahrscheinlichkeit ist gleichverteilt für alle möglichen Positionen. Ein Beispiel findet sich in der Simulation in Kapitel 5.3.5.1.

5.4.3   Ergebnisse der Positionsverfolgung

Für die betrachtete Streckentopologie kann es aufgrund einer falschen Initialisierung und integrativer Drift zu Positionsunsicherheiten v. a. am Ende längerer Strecken zwischen Bahnhöfen kommen. Während in Bild 5.14 der Fall einer korrekt detektierten Weiche und korrekter Position vorliegt, ist in Bild 5.15 der Fall einer Positionsabweichung Δ_{init} der Initialisierung um 20 Schwellen gezeigt (geschätzte Position 2960 Schwellen, wahre Position 2980 Schwellen), was mit der empirischen Schwellenstatistik des Albtals in etwa 13 Metern entspricht. Die Schätzwerte für Position und Varianz werden mit

$$\hat{x}_k = \sum_n w_k^{(n)} x_k^{\mathrm{rel},(n)} d_V(V^k) \tag{5.22}$$

$$\hat{\sigma}_{\hat{x},k}^2 = \sum_n w_k^{(n)} (x_k - \hat{x}_k)^2 \tag{5.23}$$

bestimmt [Arulampalam 2002], die Knotenwahrscheinlichkeit entspricht der Summe der Gewichte auf dem Knoten, sodass für den wahrscheinlichsten Knoten

$$V_k = \arg\max_i \{P(V_k^i)\} \tag{5.24}$$

gilt. Tabelle 5.2 zeigt die korrigierte Weichenposition für den betrachteten Fall

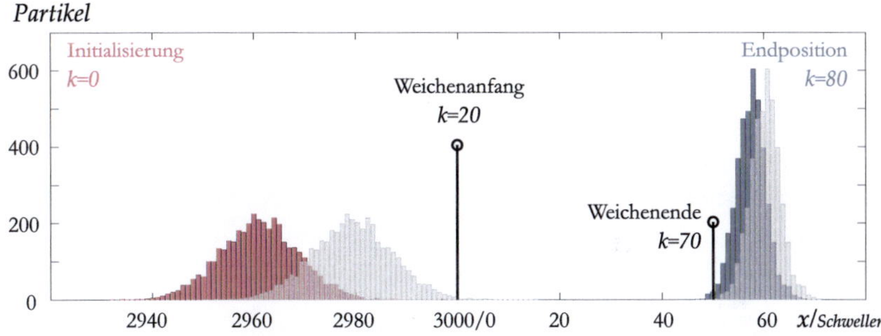

Bild 5.15: Einfluss einer fehlerhaften Position zum Zählschritt $k = 20$ der Weichendetektion. Die Initialisierung zum Zählschritt $k = 0$ ist in rot gezeigt, die approximierte *a posteriori* Dichte als Histogramm zum Zählschritt $k = 80$ in blau. Die für diese Simulation bekannte wahre Position ist für $k = 0$ und $k = 80$ jeweils in grau überlagert. Der initiale Positionsfehler $\Delta_{\mathrm{init}} = -20$ Schwellen kann durch die Detektion auf zwei Schwellen verringert werden, die Positionsunsicherheit von $\hat{\sigma}_{\hat{x},k=0}^2 = 60{,}84$ auf $\hat{\sigma}_{\hat{x},k=80}^2 = 8{,}51$.

und Parameter mit unterschiedlichen Werten für Δ_{init}. Die Werte für die Endabweichung $\overline{\Delta}$ und die Standardabweichung der Position $\overline{\sigma}_\Delta$ stellen jeweils das arithmetische Mittel aus je 10 Monte-Carlo-Simulationen dar. Die nicht symmetrische Verteilung der Werte ist ein Ergebnis des Sensormodells. Vergleicht man diese Ergebnisse mit den in Tabelle 5.1 gezeigten Werten, zeigt sich die Eignung der Weichendetektion für die Korrektur der durch die Distanzbestimmung entstehenden Unsicherheit, die für die experimentell ermittelten Daten kleiner fünf Schwellen erwartet wird.

Tabelle 5.2: Simulation für die Korrektur von Δ_{init} durch korrekte Weichendetektionen.

Δ_{init}	-25	-20	-10	0	10	20	25
$\overline{\Delta}$	-4,3	-3,8	-2	0	2	4	9,6
$\overline{\sigma}_{\overline{\Delta}}$	4,85	4,87	4,87	3,92	4,64	6,48	13,57

Eine exemplarische Validierung der Positionsverfolgung über eine längere Distanz erfolgte mit experimentell gewonnenen Daten des bereits in Kapitel 3.2.3 genutzten integrierten Navigationssystems (INS). Mit Hilfe einer zweidimensionalen Spline-Kurve [Hastie u. a. 2001] kann die Position in dem *Universal Transverse Mercartor (UTM)* Koordinatensystem [Mansfeld 2004] ermittelt werden. Die Spline-Kurve wird dabei so erweitert, dass die Approximation einer präzisen geometrischen Karte mit einer mittleren Abweichung von ca. 0,5 m erreicht wird und über die Bogenlänge ausgewertet werden kann [Hasberg u. Hensel 2008, 2010a]. Da jedem Zählschritt k über das WSS-Signal ein Zeitpunkt t zugeordnet ist, kann die entsprechende Messung $\tilde{x}_t$ und die geschätzte Standardabweichung der UTM-Koordinaten des INS ermittelt werden. Als Positionsabweichung $\Delta_{\text{Pos},k}$ von WSS- und INS-Position wird die Differenz der Bogenlängen von Schätzposition $\hat{x}_k$ und projiziertem Fußpunkt der INS-Messung definiert. Die Startposition $\hat{x}_{k=0}$ wurde vor dem Weichenanfang der Weiche 10501 in Etzenrot gewählt. Ein Vergleich mit der zugeordneten INS-Messung ergibt die Abweichung $\Delta_{\text{Pos},k=0} = 1{,}08$ m, mit den Standardabweichungen $\hat{\sigma}_{\text{r},k=0} = 0{,}98$ m und $\hat{\sigma}_{\text{h},k=0} = 1{,}02$ m für die INS sowie $\hat{\sigma}_{\hat{x},k=0} = 5{,}2$ m für die WSS-Position.

Für die Beurteilung der Lokalisierungsgenauigkeit wurde eine Strecke von 15050 Zählereignissen zurückgelegt, was der metrischen Distanz von 9946 m entspricht. Die Ergebnisse der Schätzung spiegeln wiederum das arithmetische Mittel aus 10 Monte Carlo Simulationen wider. Auf der befahrenen Strecke wurden die Bahnhöfe Etzenrot, Fischweier, Marxzell und Frauenalb passiert, so dass insgesamt 10 Weichen überfahren wurden. Bild 5.16 zeigt die geschätzten Endpositionen. Es bezeichnet $\tilde{x}_{k=15050}$ die INS-Messung zum Zählschritt, visualisiert mit der Standardunsicherheit. Die Endposition der WSS-Lokalisierung wurde auf zwei Arten ermittelt: $\hat{x}^{\text{M}}_{k=15050}$ zeigt die Endposition für die Lokalisierung mit Positionskorrektur durch die Weichenerkennung und $\hat{x}^{\text{O}}_{k=15050}$ für die Lokalisierung ohne Positionskorrektur. Die Endabweichung in Bogenlänge beträgt ohne Positionskorrektur $\Delta^{\text{O}}_{\text{Pos},k=15050} = 2{,}77$ m, die zugehörige Varianz der WSS-Positionsschätzung ist $\hat{\sigma}^2_{\hat{x},k=15050} = 505{,}35$ im Maßsystem Schwellen, was einer geschätzten Standardabweichung von 14,61 m entspricht. Die Nutzung der Weichenerkennung, reduziert die Endabweichung auf $\Delta^{\text{M}}_{\text{Pos},k=15050} = 0{,}63$ m, die Vari-

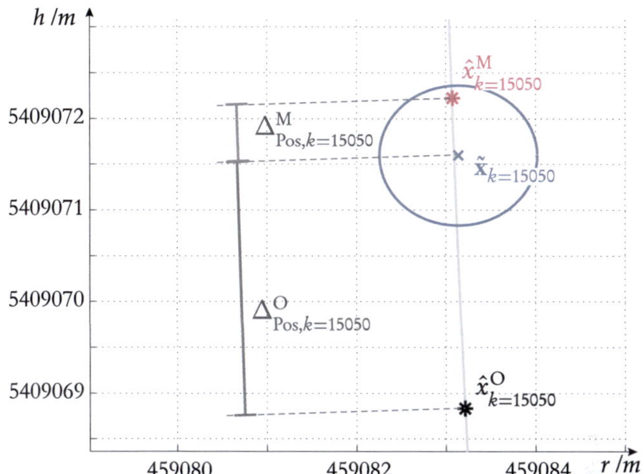

Bild 5.16: Einfluss der Weichendetektion auf geschätzte Position. Die Positionsvalidierung erfolgt mit der INS Messung $\tilde{x}_{k=15050}$ (blau) (Standardabweichung $\hat{\sigma}_r = 0{,}88$ m, $\hat{\sigma}_h = 0{,}76$ m), die geschätzte Position ohne Weichenkorrektur $\hat{x}^O_{k=15050}$ ist in schwarz dargestellt, die geschätzte Position mit Korrektur $\hat{x}^M_{k=15050}$ in rot. Die Evaluierung erfolgt über die Projektion von $\tilde{x}_{k=15050}$ auf den approximierenden Spline (grau), um die Bogenlänge und letztendlich die Abstände $\Delta^O_{Pos,k=15050}$ und $\Delta^M_{Pos,k=15050}$ zu berechnen.

anz auf $\hat{\sigma}^2_{\hat{x},k=15050} = 39{,}56$, was einer metrischen Standardabweichung von 4,09 m entspricht.

Die beschriebene Validierungsmethode wurde zusätzlich über einen Zeitraum von 80 Sekunden angewandt. Der resultierende Verlauf der Abweichungen in Bogenlänge $\Delta_{Pos,t}$ über der Zeit ist in Bild 5.17 dargestellt. Die im Bild visualisierte Abweichung ist mit dem Streckenverlauf korreliert. Aufgrund der Befestigungsposition der GPS Antenne ergibt sich eine systematische Abweichung gegenüber dem approximierenden Spline. Zusätzlich ergeben sich Abweichungen durch die als äquidistant angenommenen Ereignisabstände. In Bereichen, in denen die tatsächlichen Abstände von den empirisch erwarteten abweichen, ergibt sich eine Divergenz im Bogenlängenfehler. Trotz dieser Einflüsse liegt eine geringe mittlere Abweichung $\Delta_{Pos,t}$ von unter zwei Metern vor, die die prinzipielle Eignung und Genauigkeit der vorgeschlagenen Lokalisierung veranschaulicht.

Einfluss der Weichenerkennung

Neben der Positionsungenauigkeit durch integrative Drift oder Zählfehler müssen auch Unsicherheiten in der Weichenerkennung berücksichtigt werden. In der

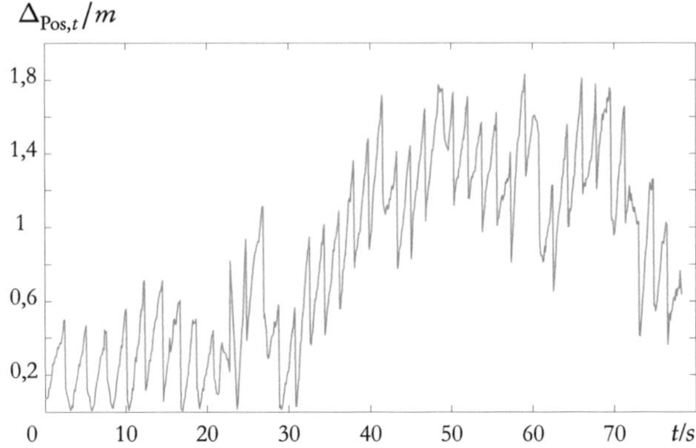

Bild 5.17: Verlauf der Bogenlängenabweichung $\Delta_{\mathrm{Pos},t}$ über der Zeit. Die betrachtete Strecke weist eine Länge von 1611,4 m auf.

Anwendung ergeben sich hierbei drei zu betrachtende Fälle. Als erster Fall werden Fehler der zweiten Art, also nicht detektierte Weichen betrachtet, danach Fehler der ersten Art, d. h. eine falsch positive Weichenerkennung. Diese beinhaltet die Detektion nicht vorhandener Weichen und Fehler in der Weichenklassifikation. Zuletzt soll in dem Szenario einer nicht vorhandenen Klassifikationsstufe die Vertauschung von Weichenanfang und -ende (Weichenanfangsfalschdetektion) untersucht werden.

Nicht detektierte Weichen

Nicht detektierte Weichen haben für stumpfe Weichenbefahrungen keine Auswirkung. Sollte der Filter bereits konvergiert sein, erhöht sich die Positionsunsicherheit weiterhin durch das Prozessrauschen, die Position bleibt aber eindeutig. Wird eine spitze Befahrung nicht detektiert, teilen sich die Partikel im Gleisnetz auf und es entstehen zwei gleichwahrscheinliche Positionshypothesen auf den Folgeknoten.

Falsch positive Weichenerkennung

Wird eine nicht vorhandene Weiche detektiert, hat dies die Korrektur der geschätzten Position im Rahmen der in Tabelle 5.2 aufgeführten Werte zur Folge. Im Allgemeinen liegt die aktuelle Positionsschätzung weit von einer Weiche entfernt, verglichen mit der angenommenen Messunsicherheit. Daher erhalten im Innovationsschritt des Filters alle Partikel eine Gewichtung nahe null. Lag eine konvergierte Position vor, hat dies durch die anschließende Normierung keine Auswirkung. Die selbe Situation ergibt sich für einen Fehler in der Weichenklassifikation. Trotzdem kann für die konvergierten Filter in der Positionsverfolgung eine Auswertung der Gewichte vor der Normalisierung zum Zweck der Selbstdiagnose genutzt werden.

Weichenanfangsfalschdetektion

Steht nur die Detektionsstufe zur Verfügung, werden die Weichenanfänge auf Basis der Befahrungsrichtung „spitz/stumpf" bestimmt. Werden spitze oder stumpfe Befahrungen jeweils falsch erkannt, was in 9,5% der Fälle geschieht (s. Tabelle 4.7), ergibt sich ein Versatz in Größenordnung der Weichenlänge, der im Albtal von 29-36 m oder 45-55 Schwellen reicht. Das mögliche Vertauschen von WA und WE ist in dem Sensormodell, wie in Kapitel 5.3.3 beschrieben, abgebildet. Zur Veranschaulichung der Auswirkungen wird in einer Simulation für den Bahnhof Etzenrot die Vertauschung der Befahrungsrichtung „spitz/stumpf" für jeweils eine Weiche untersucht. In Bild 5.18 ist die Skizze des Bahnhofes dargestellt, der untere Bildbereich zeigt den exemplarischen Verlauf der Standardabweichung und der Positionsschätzung für die Simulation korrekt detektierter Weichen. Die Positionsinitialisierung liegt 40 Schwellen vor Weiche $W1$ mit der Standardunsicherheit $\hat{\sigma}_{\hat{x},k=0} = 8{,}13$. In Bild 5.19 sind die Auswirkungen auf die

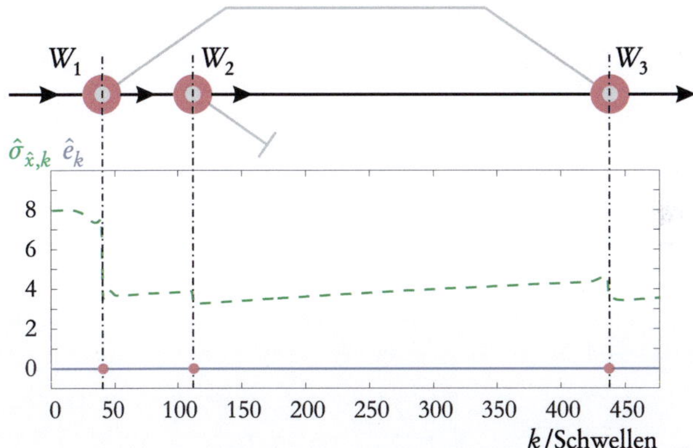

Bild 5.18: Verlauf der Positionsabweichung (blau) und geschätzten Standardabweichung (grün gestrichelt) für die Simulation der Bahnhofsdurchfahrt Etzenrot. Das befahrene Gleis ist in schwarz, passierte Weichen in rot eingezeichnet.

Positionsabweichung bei Vertauschung von Weichenanfang und -ende jeweils einer Weiche gezeigt. Die Ergebnisse zeigen, dass mit der vorgestellten rekursiven Positionsschätzung auch die korrekte Positionsverfolgung bei Weichenanfangsfalschdetektionen gegeben ist.

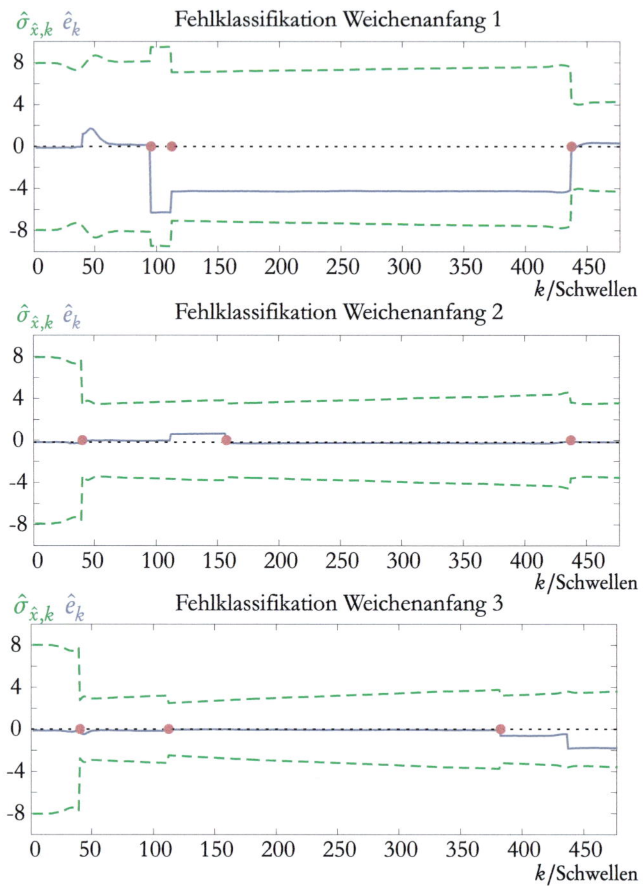

Bild 5.19: Die Bilder zeigen von oben nach unten jeweils die Auswirkung eines falsch erkannten Weichenanfangs für $W1$, $W2$ und $W3$ aus Bild 5.18.

5.4.4   Ergebnisse der globalen Initialisierung

Die in Kapitel 5.3.5.1 vorgestellte globale Initialisierung wurde ebenfalls für experimentelle Daten untersucht. Mit diesen kann das Ergebnis der Simulation bestätigt werden. Für das untersuchte Gleisnetz im Albtal zeigt sich, dass die Unterschiede in der Länge der Gleissegmente für die Initialisierung unter alleiniger Nutzung der Weichendetektion hinreichend groß sind (Eine Auflistung findet sich in Anhang A.4.6). Die Position ist daher bei korrekter Detektion auf dem Weichenanfang der dritten Weiche eindeutig bestimmt. Ein qualitatives Beispiel ist in Bild 5.20 gezeigt. Die *a posteriori* Wahrscheinlichkeit ist jeweils durch Histogramme abgebildet.

(a) Positionswahrscheinlichkeit nach einer detektierten Weiche.

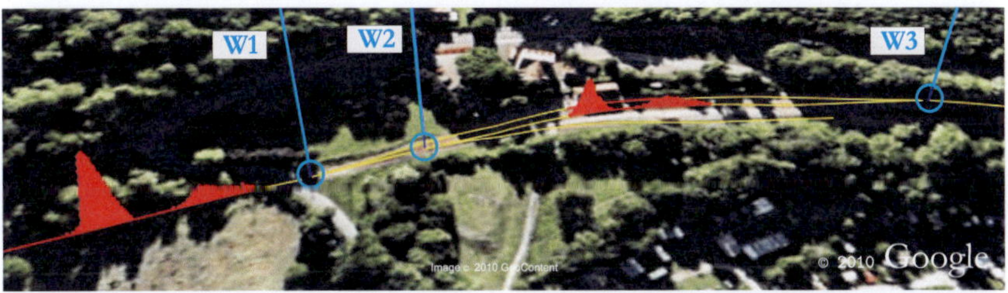

(b) Positionswahrscheinlichkeit nach zwei detektierten Weichen

(c) Positionswahrscheinlichkeit nach drei detektierten Weichen.

Bild 5.20: Darstellung der Aufenthaltswahrscheinlichkeit im Bahnhof Etzenrot für die globale Lokalisierung mit experimentell gewonnenen Daten. Die *a posteriori* Dichte ist als Histogramm der Partikel dargestellt. Bild 5.20(a) zeigt die Verteilung um den Bahnhof 40 Ereignisse nach einer Weichendetektion. Bild 5.20(b) stellt die Situation nach zwei detektierten Weichen und darauffolgenden 150 Ereignissen dar. Zu diesem Zeitpunkt ergeben sich zwei gleichwahrscheinliche Positionen. Die Nebenmaxima der jeweiligen Position spiegeln das verwendete Sensormodell wider, in dem zu Visualisierungszwecken die Falschdetektionsrate erhöht angenommen und die Achse quadratisch skaliert wurde. Die Detektion einer dritten Weiche führt zu der in Bild 5.20(c) dargestellten eindeutigen Position 60 Ereignisse nach der Detektion (Bilder erstellt mit [Google Earth 2010]).

Kann die Fahrtrichtung *a priori* bestimmt werden, konvergiert die Position bereits nach zwei Detektionen, steht die Klassifikationsstufe zur Verfügung, ist die Position mit dem ersten Klassifkationsergebnis bestimmt.

5.5 Zusammenfassung stochastische Lokalisierung

Das vorliegende Kapitel beschreibt die Schätzung der aktuellen Fahrzeugposition auf Basis des rekursiven Bayes-Filters. Die vorgeschlagene stochastische Vorgehensweise erlaubt die Verwendung und Fusion unsicherheitsbehafteter Größen und eignet sich für die direkte Verarbeitung der Ergebnisse von Präsignalentzerrung, ereignisbasierter Distanzbestimmung und Weichenerkennung. Für letztere wird zwischen zwei möglichen Anwendungsszenarien unterschieden, in denen ausschließlich die Weichendetektion oder gegebenenfalls zusätzlich die Weichenklassifikation zur Verfügung steht. In der Formulierung wird implizit die für die landmarkenbasierte Ortung eingesetzte topologische Karte berücksichtigt. Die in der Karte verwendeten Gleislängen sind für das Albtal nicht *a priori* bekannt und werden mit robusten Schätzverfahren ermittelt.

Das beschriebene Vorgehen der stochastischen Formulierung der Fahrzeuglokalisierung zeichnet sich durch folgende Vorteile aus:

- Die für die Positionsbestimmung notwendige Karte weist eine kompakte Darstellungsform auf und ist leicht erstellbar. Die Erweiterung mit Merkmalen auf Basis der eingesetzten Sensorik ist auf einfache Weise möglich.

- Die gegebene Formulierung trennt die Einflüsse der Distanzmessung und Weichenerkennung. Während die Distanz in der Transitionsdichte die Steuergröße repräsentiert, werden Weichenereignissse als Messungen in der Beobachtungslikelihood abgebildet. Damit erfolgt auch die formale Trennung von Fortbewegung und Wahrnehmung der Umwelt.

- Weichendetektion und -klassifikation können auf Basis ihrer Verfügbarkeit in den Algorithmus eingebunden werden und direkt mit den in Kapitel 4 gewonnen Kennzahlen verwendet werden.

- Eine globale Initialisierung der Position ohne Vorwissen wird ermöglicht. Dieses Vorgehen wird auch genutzt, sollte die Aktualisierung der Likelihood eine zu hohe Divergenz aufweisen – somit bietet der Algorithmus die Möglichkeit der Selbstdiagnose.

- Die diskrete Zählinformation aus Kapitel 3.3 wird durch die Einbindung in den rekursiven Filter durch eine aktuelle Unsicherheitsabschätzung ergänzt, die eine besser interpretierbare Positionsbestimmung ermöglicht. Die angepasste Formulierung für die ereignisbezogene Distanz erlaubt die direkte Lokalisierung in dem örtlichen Maßsystem der Ereignisse, eine Positionsaktualisierung wird nur ausgeführt, wenn eine Bewegung des Fahrzeuges stattfindet.

- Die verfolgte Lokalisierungsstrategie weist eine hohe Kompatibilität zu alternativen Ortungsplattformen auf, die unter Verwendung der in Kapitel 3.2 geschätzten Geschwindigkeit problemlos und Schritt haltend miteinander verknüpft werden können. Das Einbinden zusätzlicher Messungen, beispielsweise aus optischen Systemen, ist ebenso einfach möglich.

Die Ergebnisse legen nahe, die ereignisbezogene Distanzbestimmung zu verwenden, da diese eine höhere Wiederholgenauigkeit gegenüber integrativen Verfahren aufweist. Ist der Transfer in den zweidimensionalen kartesischen Raum erwünscht, kann dies über eine kalibrierte, bogenlängenparametrisierte Spline-Kurve geschehen, die aber unter der Annahme äquidistant verteilter Ereignisse zu zusätzlichen Abweichungen führt.

6 Zusammenfassung und Ausblick

Die vorliegende Arbeit beschreibt ein Verfahren für die stochastische Lokalisierung von Schienenfahrzeugen in topologischen Karten, unter alleiniger Nutzung eines Wirbelstromsensorsystems (WSS). Sie liefert eine vollständige Beschreibung und Untersuchung aller für eine präzise Lokalisierung notwendigen Prozessschritte. Diese bestehen in der Bestimmung der Distanz, Gewinnung von Landmarken und Abbiegeinformation sowie der Formulierung eines geeigneten Schätzverfahrens, gegeben eine topologische Karte.

Die mit dem WSS durchgeführte Distanzbestimmung kann nur mit Hilfe einer genauen Geschwindigkeitsschätzung gelingen, aus der integrativ die zurückgelegte Strecke gewonnen wird. Zusätzlich wird sie in der Mustererkennung benötigt, für die die Berechnung eines reproduzierbaren Ortssignals unverzichtbar ist. Dieses Ortssignal bildet die Basis für eine alternative, ereignisbezogene Distanzbestimmung und die Erkennung von Weichen.

In der Arbeit wird ein neues Verfahren für die Geschwindigkeitsschätzung vorgestellt, das die Laufzeitkorrelation erweitert und durch die anschließende Schätzung in einem Kalman-Filter ein physikalisches Modell für die Fahrzeugbewegung integriert sowie eine Angabe der Schätzunsicherheit erlaubt. Dieser Ansatz übertrifft die bisher erzielbaren Ergebnisse des in der Inneneinheit realisierten Closed-Loop-Correlators, vor allem in Bereichen niedriger Geschwindigkeit. In ausführlichen Untersuchungen mit experimentell gewonnenen Daten wird gezeigt, dass die Genauigkeit mit der eines Mikrowellenradars oder integrierten Navigationssystems vergleichbar ist.

Die gewonnene Geschwindigkeit kann integriert und für die Lokalisierung genutzt werden, was sich vor allem in Kombination mit anderen Navigationslösungen im kartesischen Raum anbietet. Alternativ erlaubt das WSS die Bestimmung eines ereignisbezogenen Distanzmaßes, für das in Kombination mit auf dem Ortssignal beruhenden statistischen Tests ein robustes Zählergebnis ermittelt wird. In Untersuchungen konnte gezeigt werden, dass eine gegenüber der Wegintegration höhere Wiederholgenauigkeit um den Faktor viereinhalb erreicht wird.

Für die Korrektur von Abweichungen in der Distanzschätzung werden feste Landmarken in einem Bezugssystem benötigt. In der Arbeit werden hierfür Weichen gewählt, die die Freiheitsgrade in einem sonst eindimensionalen spurgeführten System darstellen. Auf Basis des resultierenden Ortssignals und unter Berücksichtigung der hohen Typen- und Einbauvarianz wird die Weichenerkennung in der Arbeit erstmals mit Methoden der statistischen Mustererkennung formuliert. Der Einsatz von verdeckten Markowmodellen (engl. *hidden Markov models (HMM)*) erlaubt die Kombination von a priori bekanntem strukturellem Wissen über den Aufbau von Weichen mit der signalspezifischen Realisierung einzelner Weichenbauteile. Die Unterteilung der Erkennungsaufgabe in Detektion und Klassifikation erlaubt die Erstellung eines Detektions-HMM aus einzelnen Realisierungen von Weichenbauteilen, das in der Lage ist, Weichen von sonstigen Infrastrukturbauteilen zu trennen und in die Befahrungsrichtung „spitz/stumpf" vorzuklassifizieren. Die in der Klassifikationsstufe folgende Darstellung individueller Weichen mit ihrer Befahrungsrichtung als generatives stochastisches Modell erlaubt die kompakte Speicherung und beinhaltet aufgrund der durchgeführten Modellparameterschätzung die gesamte verfügbare Information der jeweiligen Weiche. Die Ergebnisse des beschriebenen Weichenerkennungsansatzes sind hierbei im Sinne der Erkennungsrate, Erweiterbarkeit sowie der Fähigkeit örtlich dicht aufeinanderfolgende Weichen zu trennen, bisherigen Ansätzen deutlich überlegen.

Die zurückgelegte Distanz und die Messungen der Weichen sind unsicherheitsbehaftet. Aufgabe des in Kapitel 5 vorgestellten Lokalisierungsalgorithmus ist daher die Verarbeitung dieser Information in einer geeigneten Karte. Im Rahmen der Arbeit wird gezeigt, dass eine mit Distanzangaben erweiterte topologische Karte für die Aufgabe ausreichend ist. Diese bietet im Vergleich zu geometrischen Karten den Vorteil, dass sie für Bahnanwendungen in Form von Signallageplänen vorliegt oder auf einfache Weise erstellt werden kann. In der Arbeit wird eine analytische Formulierung für die Lokalisierung in einer gegebenen topologischen Karte, basierend auf dem rekursiven Bayes-Filter, formuliert. Die Lösung erfolgt auf Basis sequentieller Monte-Carlo-Methoden, die eine approximative und intuitive Darstellung der Aufenthaltswahrscheinlichkeit des Schienenfahrzeugs ermöglichen. Das Abbiegeverhalten an Weichen und die Integration zusätzlicher Messungen ist implizit gegeben. Die Validierung des Ansatzes geschieht in Simulationen und mit experimentell gewonnenen Daten. Der für die praktische Verwendung wichtige Vergleich mit aktuellen Navigationslösungen geschieht exemplarisch mit einer integrierten Navigationseinheit, für die die

Transformation der Lokalisierungsergebnisse in den kartesischen Raum durch eine bogenlängenparametrisierte Spline-Kurve erfolgt.

Trotz der vielversprechenden Ergebnisse mit experimentell gewonnenen Daten sind noch Verbesserungen des Verfahrens vorstellbar:

- Die kontinuierliche Weiterentwicklung der technischen Realisierung des Wirbelstromsensorsystems erfordert ständige Anpassungen der beschriebenen Verfahren. Obwohl diese sich aufgrund ihrer statistischen Natur einfach adaptieren lassen, hätte eine vereinheitlichte Plattform den Vorteil, eine speziell angepasste Umgebung zu entwickeln.

- Die Ergebnisse der Weichenerkennung basieren auf Daten, die im Albtal gewonnen wurden. In größeren Arealen könnte durch die Ersetzung des Maximum Likelihood Kriteriums mit dem *minimum description length (MDL)* Kriteriums [Cappé u. a. 2005] in der Modellparameterschätzung für HMMs eine überprüfbare Verbesserung der Ergebnisse eintreten.

- Für die letztendliche Fusion in topologischen Karten, könnten diese mit zusätzlichen wirbelstromsensorspezifischen Merkmalen erweitert werden. Daraus könnte eine schnellere Initialisierung bei unbekannter Position resultieren und die Frequenz der eingehenden Beobachtungen für die Positionsinnovation erhöht werden.

- Die verwendete ereignisbezogene Distanzmessung weist eine höhere Wiederholgenauigkeit als integrative Verfahren auf. Allerdings ergeben sich Unsicherheiten bei der Transformation der relativen Position auf einem Gleis in den kartesischen Raum. Abhilfe könnte hier ein *elektromagnetischer Atlas* schaffen, über den die spezifischen Ereignisabstände in der topologischen Karte hinterlegt sind.

- Testfahrten auf Hochgeschwindigkeitsstrecken indizieren die Nutzung des Verfahrens auch außerhalb der betrachteten Nebenstrecke. Für eine Auswertung mit statistischer Signifikanz müssen allerdings eine hohe Anzahl zusätzlicher Fahrten auf Teststrecken durchgeführt werden.

A Anhang

A.1 Stochastische Prozesse

Stationarität

Ein stochastischer Prozess repräsentiert eine Menge von Zufallsvariablen. Damit lässt sich für jeden Zeitpunkt t eine Wahrscheinlichkeitsdichtefunktion $f_{X_t}(X_t)$ der betreffenden Variable X_t angeben. Ein Prozess ist damit für die Sequenzlänge T durch die Verbundverteilungsdichte $f_{X_1,...,X_T}(X_1,...,X_T)$ beschreibbar [Middleton 1996; Papoulis 2002].

Ein stochastischer Prozess $\{X_t\}$ heißt *streng stationär*, falls

$$\forall n \in \mathbb{N} : \forall \tau, t_1, ..., t_n \in T \tag{A.1}$$

$$f_{X_1,...X_n}(X_t,...,X_n)) = f_{X_{1+\tau},...X_{n+\tau}}(X_t,...,X_n)), \tag{A.2}$$

d. h. die Verteilungsfunktionen unabhängig von der (absoluten) Zeit sind [Fukunaga 1990].

Eine weniger restriktive Anforderung stellt die Forderung nach *schwacher Stationarität* dar. Für diese wird der Autokorrelationkoeffizient eines Prozesses $\{X_t\}$ als

$$\varrho(t,s) = \frac{Cov(X_s, X_t)}{\sqrt{\text{var}\{X_s\}\, \text{var}\{X_t\}}} \tag{A.3}$$

mit der Autokovarianzfunktion

$$R_X(t,s) = Cov(X_s, X_t) = \mathrm{E}\{(X_t - \mu_t) \cdot (X_s - \mu_s)\} \tag{A.4}$$

definiert. Dann gilt mit

$$E(X_t) = E(X_{t-\tau}) \tag{A.5}$$

und

$$R_X(t,s) = R_X(t+\tau, s+\tau) \quad \text{mit} \quad R_X(t, t+\tau) = R_X(\tau) \tag{A.6}$$

dass schwache Stationarität erfüllt ist, d. h. die Autokovarianzfunktion hängt nur von der Zeitdifferenz $t - s = \tau$ und nicht von der absoluten Zeit ab.

A.2   Dynamische Zustandsschätzung

Weiterführende Ergänzungen zur Thematik der dynamischen Zustandsschätzung sind in [Maybeck 1979; Thrun u. a. 2005; Wendel 2007] zu finden.

A.2.1   Rekursive Bayes'sche Schätzung

Die im Bayes'schen Sinne optimale Schätzung eines Zustandes $\{X_t\}$ gegeben Beobachtungen aus $\{Y_t\}$ zum aktuellen Zeitpunkt ist durch das rekursive Bayes-Filter gegeben. Hierzu wird mit dem Filter die Wahrscheinlichkeitsdichtefunktion $p_{X_t|Y_{1:t}}(x_t|y_{1:t})$, mit $y_{1:t} = (y_1, ..., y_t)^{\mathrm{T}}$, des Zustandes x zum Zeitpunkt t bestimmt. Die Herleitung des Filters beginnt mit der Umformung der Dichte nach dem Satz von Bayes [de Laplace 1812] zu:

$$p(x_t|y_{1:t}) = \frac{p(x_t, y_{1:t})}{p(y_{1:t})} = \frac{p(y_t|y_{1:t-1}, x_t)\, p(x_t, y_{1:t-1})}{p(y_t, y_{1:t-1})}. \tag{A.7}$$

Weiteres Anwenden der Bayesformel und die Ausnutzung der systemtheoretischen Definition eines Zustandes führt zu

$$p(x_t|y_{1:t}) = \frac{p(y_t|x_t)\, p(x_t|y_{1:t-1})\, p(y_{1:t-1})}{p(y_t|y_{1:t-1})\, p(y_{1:t-1})}. \tag{A.8}$$

In dieser Darstellung kann schließlich $p(y_{1:t-1})$ gekürzt werden, während der zweite Nennerterm zu

$$p(x_t|y_{1:t-1}) = \int p(x_t, x_{t-1}|y_{1:t-1})\, dx_{t-1} =$$

$$\int p(x_t|x_{t-1})\, p(x_{t-1}|y_{1:t-1})\, dx_{t-1} \tag{A.9}$$

weiter umgeformt wird. Damit gilt für die *a posteriori* Dichte des Zustandes

$$p(x_t|y_{1:t}) = \frac{p(y_t|x_t) \int p(x_t|x_{t-1})\, p(x_{t-1}|y_{1:t-1})\, dx_{t-1}}{p(y_t|y_{1:t-1})}. \tag{A.10}$$

Die Lösung von Gleichung A.10 kann in zwei Schritten erfolgen. Zuerst wird das Integral aus Gleichung A.9 aus der vorherigen Zustandsdichte $p(x_{t-1}|y_{1:t-1})$ und einer Transitionsdichte $p(x_t|x_{t-1})$ berechnet. Dies wird als *Prädiktion* bezeichnet. In der anschließenden *Innovation* erfolgt die Berechnung der Beobachtungsdichte $p(y_t|x_t)$. Zu guter Letzt wird mit dem Zählerterm eine Normierung der Dichte ausgeführt.

A.2.2 Lineare stochastische Systeme

Als Basis für die dynamische Zustandsschätzung dient ein Systemmodell, welches die zu schätzenden Zustände, wie z. B. Position und Geschwindigkeit mathematisch miteinander kombiniert. Die Bewegung lässt sich dabei als ein zeitkontinuierliches lineares stochastisches System modellieren:

$$\dot{x}(t) = \mathbf{A}(t)x(t) + \mathbf{B}(t)u(t) + \mathbf{G}(t)v(t), \tag{A.11}$$

mit den Systemzuständen $x(t)$, der Systemmatrix $\mathbf{A}(t)$, der Steuermatrix $\mathbf{B}(t)$, dem Eingangsvektor $u(t)$, der Einflussmatrix $\mathbf{G}(t)$ sowie dem Systemrauschen $v(t)$. Der Zusammenhang zwischen den Beobachtungen und dem Systemmodell wird durch das Messmodell der Form

$$\tilde{y}(t) = \mathbf{H}(t)x(t) + \mu(t), \tag{A.12}$$

mit dem Messvektor $\tilde{y}(t)$, der Messmatrix $\mathbf{H}(t)$ sowie dem Messrauschen $\mu(t)$ beschrieben. Hingegen werden beim deterministischen Systemmodell die stochastischen Rauschterme, das Prozessrauschen $v(t)$ und Messrauschen $\mu(t)$ nicht berücksichtigt.

Durch eine Konvertierung der zeitkontinuierlichen in zeitdiskrete Größen erhält man das zeitdiskrete lineare stochastische Systemmodell

$$x_{k+1} = \mathbf{F}_k x_k + \mathbf{B}_k u_k + \mathbf{G}_k v_k, \tag{A.13}$$

wobei x_k den Zustandsvektor, $\mathbf{F}_k$ die Transitionsmatrix, $\mathbf{B}_k$ die Eingangsmatrix, u_k den bekannten Eingangsvektor, $\mathbf{G}_k$ die Einflussmatrix und v_k das Systemrauschen bezeichnen. Das System- oder Prozessrauschen v_k beschreibt die Unsicherheit, welche durch die näherungsweise Beschreibung des realen Systemmodells entsteht. Bei dem Systemrauschen handelt es sich um ein mittelwertfreies, normalverteiltes, weißes Rauschen woraus sich folgende Eigenschaften

$$E[v_i v_k^{\mathrm{T}}] = \begin{cases} \mathbf{Q}_k & i = k, \\ 0 & i \neq k \end{cases} \tag{A.14}$$

ergeben. Der zeitdiskrete Messvektor $\tilde{y}_k$ ergibt sich aus der Kombination des Zustandsvektors x_k mit der Messmatrix $\mathbf{H}_k$ und dem Messrauschen μ_k:

$$\tilde{y}_k = \mathbf{H}_k x_k + \mu_k. \tag{A.15}$$

Hierbei wird das zeitdiskreten Messrauschen μ_k ebenfalls als mittelwertfreies, normalverteiltes, weißes Rauschen angenommen; es gilt

$$E[\mu_i \mu_k^{\mathrm{T}}] = \begin{cases} \mathbf{R}_k & i = k, \\ 0 & i \neq k. \end{cases} \tag{A.16}$$

Als weitere Voraussetzung wird angenommen, dass die Kreuzkorrelation zwischen System- und Messrauschen verschwindet:

$$E[\mu_i \nu_k^{\mathrm{T}}] = 0 \,. \tag{A.17}$$

Die Matrizen $\mathbf{F}_k, \mathbf{B}_k, \mathbf{G}_k, \mathbf{Q}_k, \mathbf{H}_k, \mathbf{R}_k$ werden als bekannt vorausgesetzt und können zeitvariant sein.

Für das beschriebene lineare stochastische System mit den gegebenen Voraussetzungen – lineares System- und Messmodell, weißes, normalverteiltes, System- und Messrauschen – ist das Kalman-Filter ein Äquivalent des optimalen rekursiven Bayes-Filters [Welch u. Bishop 2001; Bar-Shalom u. a. 2001] und stellt eine besonders effiziente Implementierung dessen dar.

A.2.3 Kalman-Filter

Für die Beschreibung des Kalman-Filters wird die folgende Notation vereinbart: Es bezeichnet x_k den Systemzustand und der Schätzwert des Systemzustands $\hat{x}_k$. Die Prädiktion berücksichtigt alle Messwerte bis zum Zeitpunkt k und wird mit $\hat{x}_k^-$ bezeichnet.

Prädiktionsschritt des Kalman-Filters

Im Prädiktionsschritt des KF werden die Systemzustände auf Basis des Schätzwertes zum Zeitpunkt k zum Zeitpunkt $k+1$ mit

$$\hat{x}_{k+1}^- = E[x_{k+1}] \tag{A.18}$$

berechnet. Durch Einsetzen des Systemmodells (A.13) erhält man

$$\begin{aligned}
\hat{x}_{k+1}^- &= E\left[\mathbf{F}_k x_k + \mathbf{B}_k u_k + \mathbf{G}_k \nu_k\right] \\
&= \mathbf{F}_k \hat{x}_k + \mathbf{B}_k u_k \,.
\end{aligned} \tag{A.19}$$

Die Unsicherheit der Zustandsschätzung vergrößert sich im Prädiktionsschritt woraus sich die Fehlerkovarianzmatrix mit den Gleichungen (A.13) und (A.19) zu

$$\begin{aligned}
\mathbf{P}_{k+1}^- &= E\left[\left(\hat{x}_{k+1}^- - x_{k+1}\right)\left(\hat{x}_{k+1}^- - x_{k+1}\right)^{\mathrm{T}}\right] \\
&= E\left[\left(\mathbf{F}_k \hat{x}_k + \mathbf{B}_k u_k - \left(\mathbf{F}_k x_k + \mathbf{B}_k u_k + \mathbf{G}_k \nu_k\right)\right)\right. \\
&\qquad \left.\left(\mathbf{F}_k \hat{x}_k + \mathbf{B}_k u_k - \left(\mathbf{F}_k x_k + \mathbf{B}_k u_k + \mathbf{G}_k \nu_k\right)\right)^{\mathrm{T}}\right]
\end{aligned} \tag{A.20}$$

ergibt. Das Systemrauschen ist mit dem Schätzfehler $(\hat{x}_k - x_k)$ zum Zeitpunkt k unkorreliert, womit

$$\begin{aligned}
\mathbf{P}_{k+1}^{-} &= \mathbf{F}_k E\left[(\hat{x}_k - x_k)(\hat{x}_k - x_k)^{\mathrm{T}}\right] \mathbf{F}_k^{\mathrm{T}} + \mathbf{G}_k E\left[\nu_k \nu_k^{\mathrm{T}}\right] \mathbf{G}_k^{\mathrm{T}} \\
&= \mathbf{F}_k \mathbf{P}_k \mathbf{F}_k^{\mathrm{T}} + \mathbf{G}_k \mathbf{Q}_k \mathbf{G}_k^{\mathrm{T}}
\end{aligned} \tag{A.21}$$

gilt. Nach der Prädiktion erfolgt der Iterationsschritt mit $k := k + 1$.

Innovationsschritt des Kalman-Filters

Der Innovationsschritt des Filters korrigiert die Prädiktion durch die Gewichtung des Residuums mit der Matrix $\mathbf{K}_k$. Das Residuum besteht aus der Differenz zwischen dem Messwertvektor $\tilde{y}_k$ und dem erwarteten Messwertvektor $\hat{y}_k = \mathbf{H}_k \hat{x}_k$. Damit gilt

$$\hat{x}_k = \hat{x}_k^{-} + \mathbf{K}_k\left(\tilde{y}_k - \mathbf{H}_k \hat{x}_k^{-}\right). \tag{A.22}$$

Für eine beliebige Matrix K_k gilt für den Schätzfehler

$$\begin{aligned}
\mathbf{P}_k &= E\left[(\hat{x}_k - x_k)(\hat{x}_k - x_k)^{\mathrm{T}}\right] \\
&= E\left[\left((\mathbf{I} - \mathbf{K}_k\mathbf{H}_k)\left(\hat{x}_k^{-} - x_k\right) + \mathbf{K}_k \mu_k\right) \right. \\
&\qquad\left. \left((\mathbf{I} - \mathbf{K}_k\mathbf{H}_k)\left(\hat{x}_k^{-} - x_k\right) + \mathbf{K}_k \mu_k\right)^{\mathrm{T}}\right].
\end{aligned} \tag{A.23}$$

Da das Messrauschen nicht mit dem Schätzfehler korreliert ist, ergibt sich die sog. *Joseph form* der Kovarianzmatrix-Korrektur zu

$$\mathbf{P}_k = (\mathbf{I} - \mathbf{K}_k\mathbf{H}_k)\mathbf{P}_k^{-}(\mathbf{I} - \mathbf{K}_k\mathbf{H}_k)^{\mathrm{T}} + \mathbf{K}_k\mathbf{R}_k\mathbf{K}_k^{\mathrm{T}}. \tag{A.24}$$

Erfolgt die Bestimmung der Gewichtungsmatrix $\mathbf{K}_k$ durch Minimierung der Spur der Kovarianzmatrix des Schätzfehlers erhält man die sog. Kalman-Verstärkungs-Matrix

$$\mathbf{K}_k = \mathbf{P}_k^{-}\mathbf{H}_k^{\mathrm{T}}\left(\mathbf{H}_k\mathbf{P}_k^{-}\mathbf{H}_k^{\mathrm{T}} + \mathbf{R}_k\right)^{-1}. \tag{A.25}$$

Das Einsetzen dieser in die *Joseph form* führt schließlich zu

$$\mathbf{P}_k = (\mathbf{I} - \mathbf{K}_k\mathbf{H}_k)\mathbf{P}_k^{-}. \tag{A.26}$$

Mit den Anfangsbedingungen x_0 und $\mathbf{P}_0$, dem Messvektor $\tilde{y}_k$ sowie den Gleichungen des Prädiktions- und Innovationsschrittes ist der Kalman-Filter Algorithmus in Bild A.1 nochmals zusammengefasst.

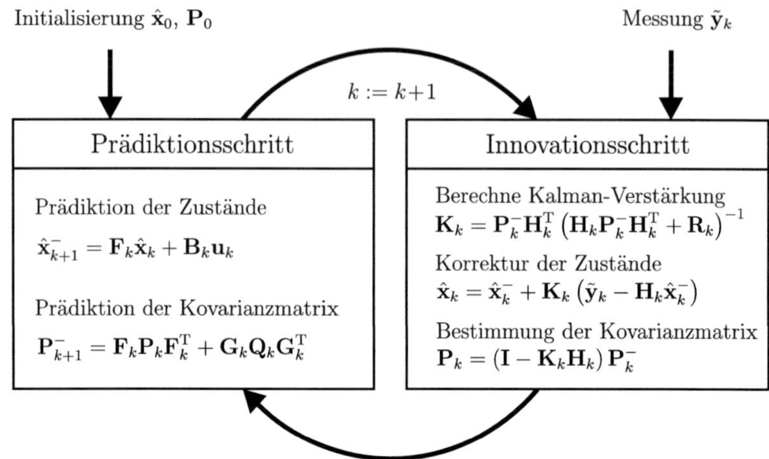

Bild A.1: Prinzipdarstellung des Kalman-Filters [Welch u. Bishop 2001].

A.2.4   Sequentielle Monte-Carlo-Methoden

Liegen allgemeine, nicht lineare, stochastische Systeme mit dem System- und Beobachtungsmodell der Form

$$x_{t+1} = f(x_t, \nu_t) \tag{A.27}$$
$$y_t = h(x_t, \mu_t) \tag{A.28}$$

vor, kann die Lösung des rekursiven Bayes-Filters in der Regel nicht mehr analytisch geschlossen gelöst werden. Bei bekannter Dichteverteilungen p_{ν_t}, p_{μ_t} der Rauschterme können die Modelle unter Annhame additiven Rauschens zu

$$x_{t+1} = f(x_t) + \nu_t \tag{A.29}$$
$$y_t = h(x_t) + \mu_t \tag{A.30}$$

vereinfacht werden.

Für diesen Fall bieten Sequentielle Monte-Carlo-Methoden eine numerische Lösung. Sie beruhen auf der diskreten Approximation der a posteriori Dichte $p(x_t | y_{1:t})$. Diese wird durch eine Menge von N Realisierungen, den sog. Partikeln, $\{x_t^{(n)}\}_{n=1}^N$ und deren zugeordneten Gewichte $w_t^{(n)}$, mit $n = 1,...,N$ und $\sum_n w_t^{(n)} = 1$ repräsentiert. Grundlage der Approximation ist das *Importance Sampling*.

Prinzip der stochastischen Integration

Die empirische Approximation des Erwartungswertes $\xi_X = \mathrm{E}\{X\}$ der Zufallsvariable X kann mit Kenntnis der WDF $p(x)$ durch

$$\xi_X = \int x\, p(x)\, dx \approx \hat{\xi}_X = \frac{1}{N} \sum_{n=1}^{N} x^{(n)} \tag{A.31}$$

erfolgen, wobei $x^{(n)} \sim p(x)$. Dieser Zusammenhang kann durch folgende Äquivalenz

$$p(x) \approx \frac{1}{N} \sum_{n=1}^{N} \delta(x - x^{(n)}) \iff \int x\, p(x)\, dx \approx \frac{1}{N} \sum_{n=1}^{N} x^{(n)} \tag{A.32}$$

statistisch ausgedrückt werden. Hierbei repräsentieren die $x^{(n)}$ unabhängige Realisierungen von X, gezogen mit $p(.)$. Dies kann direkt auf Integrale der Form $\int g(x)\, p(x)\, dx$ erweitert werden, für die gilt:

$$\int g(x)\, p(x)\, dx \approx \frac{1}{N} \sum_{n=1}^{N} g(x^{(n)}) \tag{A.33}$$

Da es oftmals nicht möglich ist, Realisierungen der Verteilungsdichte $p(.)$ zu generieren, wird eine zweite WDF $q(.)$, die sog. *Importancedichte*, definiert, aus der Realisierungen gezogen werden können. Damit kann Gleichung A.33 auf folgende Weise erweitert und approximiert werden:

$$\int g(x)\, \frac{p(x)}{q(x)}\, q(x)\, dx \approx \frac{1}{N} \sum_{n=1}^{N} \underbrace{\frac{p(x^{(n)})}{q(x^{(n)})}}_{w^{(n)}} g(x^{(n)}) \tag{A.34}$$

Dies ist analog Gleichung A.32 äquivalent zu

$$p(x) \approx \frac{1}{N} \sum_{n=1}^{N} \frac{p(x^{(n)})}{q(x^{(n)})} \delta(x - x^{(n)}) \tag{A.35}$$

In Gleichung A.34 werden die Realisierungen aus $q(.)$ gewonnen und die Gewichte $w^{(n)}$ sind ein Maß für die Unterschiede der Verteilungen $p(.)$ und $q(.)$.

Sequentielles Importance Sampling

Auf äquivalenter Weise kann die Approximation der a posteriori Dichte $p(x_t|y_{1:t})$ erfolgen. Für diese gilt

$$p(x_t|y_{1:t}) \approx \sum_{n=1}^{N} w_t^{(n)} \delta(x_t - x_t^{(n)}) \quad \text{mit} \quad w_t^{(n)} \propto \frac{p(x_t^{(n)}|y_{1:t})}{q(x_t^{(n)}|y_{1:t})}. \tag{A.36}$$

Die Gewichte können für diese Gleichung sequentiell zu

$$w_t^{(n)} \propto \frac{p(y_t^{(n)}|x_t^{(n)}) \, p(x_t^{(n)}|x_{t-1}^{(n)})}{q(x_t^{(n)}|x_{t-1}^{(n)}, y_t)} \, w_{t-1}^{(n)}. \tag{A.37}$$

ermittelt werden. Die Basisimplementierung des SIS ist in Algorithmus A.1 aufgezeigt [Arulampalam 2002].

Algorithmus A.1 Importance Sampling - Algorithmus

---

for $n = 1$ to N **do**
   – Ziehe Stichproben mit $x_t^{(n)} \sim q(x_t^{(n)}|x_{t-1}^{(n)}, y_t)$
   – Weise den Realisierungen ein Gewicht $w_t^{(n)}$ entsprechend Gleichung A.37 zu.
end for

A.2.4.1 SIR-Algorithmus

Der Basisalgorithmus des SIS weist das Problem der sog. *Sampledegeneration* auf. Diese besagt, dass die Varianz der verwendeten Gewichte mit der Zeit nur Anwachsen kann [Doucet u. a. 2001]. Dies hat zur Folge, dass letztendlich nur wenige, im Extremfall nur ein, Partikel die Dichte approximiert. Eine Lösung stellt der *Resampling*-Schritt dar. In diesem wird die in Gleichung A.36 beschriebene diskrete Approximation der a posteriori Dichte durch eine gleichartige Approximation, allerdings mit neuen Realisierungen $x_t^{(j)}$ und Gewichten $w_t^{(j)}$, ersetzt. Hierzu werden Partikel mit hohem Gewicht vervielfältigt, solche mit kleinem Gewicht verfallen. Das Prinzip ist in Bild A.2 dargestellt. Die praktische Umsetzung des Resampling-Schrittes kann beispielsweise durch Ziehen aus einer Gleichverteilung im Intervall $[0, \frac{1}{N}]$ erfolgen. Das Intervall wird hierbei proportional dem Gewicht der Partikel unterteilt. Details finden sich in [Doucet u. a.

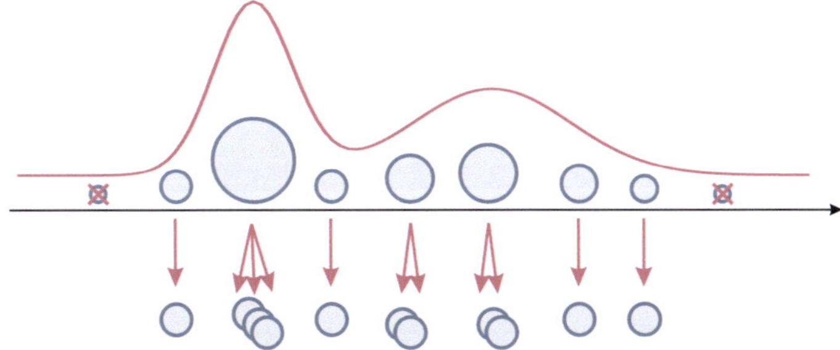

Bild A.2: Prinzipdarstellung des Resampling-Schritts. Die Größe der Partikel spiegelt ihr Gewicht wider.

Algorithmus A.2 Generischer Partikelfilter

---

for $n = 1$ to N **do**
   – Ziehe Stichproben mit $x_t^{(n)} \sim q(x_t^{(n)} | x_{t-1}^{(n)}, y_t)$
   – Weise den Realisierungen ein Gewicht $w_t^{(n)}$ entsprechend Gleichung A.37 zu.
end for
– Berechne das Partikelgewicht $m = \sum_n w_t^{(n)}$
for $n = 1$ to N **do**
   – Normalisiere $w_t^{(n)} = \frac{w_t^{(n)}}{m}$
end for
– Berechne $\hat{N}_{\text{eff}}$ mit Gleichung A.39
if $\hat{N}_{\text{eff}} < N_{\text{S}}$ **then**
   – Führe einen Resample-Schritt durch
end if

2000; Arulampalam 2002; Wendel 2007]. Die Durchführung des Resampling-Schrittes ist nur bei einer starken Ungleichverteilung der Partikelgewichte notwendig. Als Maß dient die *effektive Samplezahl* N_{eff}, die in [Doucet u. a. 2000] mit

$$N_{\text{eff}} = \frac{N}{1 + \text{var}\{w_t^{*(n)}\}} \tag{A.38}$$

eingeführt wurde. In der Gleichung bezeichnet $w_t^{*(n)}$ das „wahre Gewicht", das allerdings nicht bestimmt werden kann und mit

$$\hat{N}_{\text{eff}} = \frac{1}{\sum_{n=1}^{N}(w_t^{(n)})^2} \tag{A.39}$$

angenähert wird. Der Resampling-Schritt wird ausgeführt, so bald $\hat{N}_{\text{eff}}$ unter einen vorher definierten Schwellwert N_S fällt. Unter dieser Voraussetzung kann Algorithmus A.1 zu dem eigentlichen Partikelfilter-Algorithmus erweitert werden. Der Pseudocode findet sich in Algorithmus A.2.

Liegen ein Systemmodell und Beobachtungsmodell in der Form von Gleichung A.30 vor, kann dieses Filter zum *sequential Importance Sampling (SIS)* umformuliert werden [Karlsson 2005]. Die Berechnung der Gewichte erfolgt dann mit

$$w_t^{(n)} = p(y_t|x_t^{(n)}) = p_{\mu_t}(y_t - h(x_t^{(n)})) \tag{A.40}$$

Für dieses gilt der Pseudocode in Algorithmus A.3.

Algorithmus A.3 SIS - Algorithmus

Initialisierung
- Setze t=0, ziehe N Realisierungen aus der Anfangsverteilung $p_{X_0}(x_0)$ und initialisere die Gewichte zu $\tilde{w}_0^{(n)} = \frac{1}{N}$.

Algorithmus
for $n = 1$ to N **do**
- Berechne die Gewichte mit $w_t^{(n)} = p(y_t|x_t^{(n)})\,\tilde{w}_{t-1}^{(n)}$

- Normalisiere die Gewichte mit $\tilde{w}_t^{(n)} = \frac{w_t^{(n)}}{\sum_i^N w_t^{(i)}}$.

end for
- Berechne $\hat{N}_{\text{eff}}$ mit Gleichung A.39

if $\hat{N}_{\text{eff}} < N_S$ **then**
- Führe einen Resample-Schritt durch
- Setze $w_t^{(n)} = \frac{1}{N}$

end if
for $n = 1$ to N **do**
- Prädiziere die Partikel mit $x_{t+1}^{(n)} = f(x_t^{(n)}) + v_t^{(n)}$, wobei $v_t^{(n)} \sim p_{v_t}$

end for
t=t+1

A.3   Verdeckte Markowmodelle (HMMs)

A.3.1   Rekursive Berechnung der Produktionswahrscheinlichkeiten

Die rekursive Berechnung der Vorwärts- und Rückwärtswahrscheinlichkeiten erfolgt nahezu analog – Hauptunterschied ist im Wesentlichen die zeitliche Richtung. Die Berechnung der Wahrscheinlichkeiten erfolgt hierbei in drei Schritten:

1. Initialisierung

2. Rekursion

3. Terminierung

Die Schritte sind in den Algorithmen A.4 - A.6 für den Fall diskreter Beobachtungen $D = (D_1, ..., D_T)^{\mathrm{T}}$ bzw. $d = (d_1, ..., d_T)^{\mathrm{T}}$ beschrieben.

Algorithmus A.4 Initialisierung

Vorwärtswahrscheinlichkeiten
for $i = 1$ to N **do**
    $\alpha_1(i) = \pi_i b_i(d_1)$
end for

Rückwärtswahrscheinlichkeiten
for $i = 1$ to N **do**
    $\beta_T(i) = 1$
end for

Bei den in der vorliegenden Arbeit verwendeten linearen Links-Rechts-Modellen vereinfachen sich die Initialisierungen und Terminierungen entsprechend, da die Rekursion immer in Zustand eins beginnt und in zustand N endet.

A.3.2   Der Viterbi-Algorithmus

Der Viterbi-Algorithmus [Viterbi 1967] für Markowmodelle stellt eine Berechnung der wahrscheinlichsten Symbolfolge dar. Dies entspricht der Minimierung

Algorithmus A.5 Rekursion

Vorwärtswahrscheinlichkeiten
for $t > 1$ and $j = 1$ to N **do**
$$\alpha_t(j) = \left(\sum_{i=1}^{N} \alpha_{t-1}(i)\, a_{ij} \right) b_j(d_t)$$
end for

Rückwärtswahrscheinlichkeiten
for $t < T$ and $i = 1$ to N **do**
$$\beta_t(i) = \sum_{j=1}^{N} a_{ij}\, b_j(d_{t+1}) \beta_{t+1}(j)$$
end for

Algorithmus A.6 Terminierung

Vorwärtswahrscheinlichkeiten
Berechne
$$P(d|\lambda) = \sum_{i=1}^{N} \alpha_T(i)$$

Rückwärtswahrscheinlichkeiten
Berechne
$$P(d|\lambda) = \sum_{i=1}^{N} \pi_i\, b_i(d_1) \beta_1(i)$$

---

des zu erwartenden Sequenzfehlers. Der Algorithmus ist auch unter der Bezeichnung *max-product-algorithm* bekannt [McKay 2003; Bishop 2006] und wird wiederum in mehrere Schritte unterteilt. Diese entsprechen den Schritten der Produktionswahrscheinlichkeiten werden aber durch die Rückverfolgung ergänzt. Die Beschreibung ist in Algorithmus A.7 dargestellt.

A.3.3   Der EM-Algorithmus

Ausgehend von der in Kapitel 4.5.4 beschriebenen Q-Funktion

$$Q(\lambda, \lambda') = \sum_{q \in \mathcal{Q}^L} p(q|Y, \lambda') \cdot \ln p(Y, q|\lambda) \tag{A.41}$$

lassen sich die iterativen Schätzformeln für die Parameteranpassungen in HMMs herleiten. Eine effektivere Notation erfolgt durch Einführung der Hilfsvariablen $\gamma_l(q_l = i) = \gamma_l(i)$, die die marginale a posteriori Verteilung der verdeckten Zustandsvariable q_t ersetzt. Entsprechend soll $\xi_l(i,j) = \xi_t(q_{l-1} = i, q_l = j)$ die

---

Algorithmus A.7 Viterbidekodierung

Initialisierung
for $j = 1$ to N do
$\quad \vartheta_1(j) = \pi_j \, b_j(d_1)$ und $\psi_1(j) = 0$
end for

Rekursion
for $j = 1$ to N do
$\quad \vartheta_t(j) = \max_i \left(\vartheta_{t-1}(i) \, a_{ij} \right) b_j(d_t)$
$\quad \psi_t(j) = \arg\max_i \, \vartheta_{t-1}(i) \, a_{ij}$
end for

Terminierung
Setze
$P(d|\lambda) = \max_j \vartheta_T(j)$ und $q_T^* = \arg\max_j \, \vartheta_T(j)$

Rückverfolgung
Berechne
for $t = T - 1$ to 1 do
$\quad q_T^* = \psi_{t+1}(q_{t+1}^*)$
end for

---

a posteriori Verbundverteilung zweier verdeckter Variablen bezeichnen. Damit gilt

$$\gamma_l(i) = p(q_l = i | Y, \lambda') = \frac{p(Y, q_l = i | \lambda')}{p(Y | \lambda')} \tag{A.42}$$

und

$$\xi_l(i,j) = p(q_{l-1} = i, q_l = j | Y, \lambda') = \frac{p(q_{l-1} = i, q_l = j, Y | \lambda')}{p(Y | \lambda')}. \tag{A.43}$$

Nutzt man diese Definitionen und Gleichung A.41

$$Q(\lambda, \lambda') = \sum_{i=1}^{N} \gamma_1(i) \, ln \, \pi_i + \sum_{i=1}^{N} \sum_{j=1}^{N} \left(\sum_{l=2}^{L} \xi_l(i,j) \right) \cdot ln \, a_{ij}$$
$$+ \sum_{j=1}^{N} \sum_{l=1}^{L} \gamma_l(j) \cdot ln \, p(\mathbf{y}_l | \mathbf{B}_j). \tag{A.44}$$

Diese Gleichung kann effektiv mit den bereits bekannten Vorwärts- und Rückwärtswahrscheinlichkeiten α bzw. β berechnet werden, woraus

$$\gamma_l(i) = \frac{\alpha_l(i)\beta_l(i)}{\sum_j \alpha_l(j)\beta_l(j)} \quad \text{und} \quad \xi_l(i,j) = \frac{\alpha_l(i)\,a_{ij}\,b_j(y_l)\,\beta_l(j)}{\sum_i \alpha_l(i)\beta_l(i)}$$

folgt. Nach der Berechnung des Erwartungswertes erfolgt im M-Schritt des Algorithmus die Maximierung von $Q(\lambda,\lambda')$ bezüglich der Modellparameter $\{A, B, \pi\}$ gemäß

$$\lambda = \arg\max_{\lambda} Q(\lambda,\lambda'). \tag{A.45}$$

Im Falle der Transitionsmatrix A und den Anfangswahrscheinlichkeiten π folgen mit Hilfe einer Lagrange-Erweiterung die Gleichungen

$$\hat{\pi}_n = \frac{\gamma_1(n)}{\sum_{j=1}^{N} \gamma_1(j)} \tag{A.46}$$

und

$$\hat{a}_{ij} = \frac{\sum_{l=2}^{L} \xi_l(i,j)}{\sum_{l=1}^{L} \sum_{j=2}^{N} \xi_l(i,j)} = \frac{\sum_{l=2}^{L} \xi_l(i,j)}{\sum_{l=2}^{L} \gamma_l(i)}. \tag{A.47}$$

Die Maximierung bezüglich B betrifft nur den letzten Term in Gleichung A.44 und entspricht in seiner Struktur dem eines Mischmodelles mit unabhängigen aber gleich verteilten Daten. Während es für die Gaußverteilung analytische Lösungen gibt, erfordern die in dieser Arbeit verwendeten Gaußmischmodelle eine iterative Lösung. Sie besitzen für $k = 1,\dots,K$ Basisdichten den Parametersatz $b_j = \theta_j = \{c_{jk}, \mu_{jk}, \Sigma_{jk}\}$ und können analog [Bilmes 1997] mit

$$\hat{c}_{jk} = \frac{1}{\sum_l \gamma_l(j)} \sum_{l=1}^{L} \phi_l(j,k), \tag{A.48}$$

$$\hat{\mu}_{jk} = \frac{1}{\sum_l \phi_l(j,k)} \sum_{l=1}^{L} \phi_l(j,k)\,y_l, \tag{A.49}$$

und

$$\hat{\Sigma}_{jk} = \frac{1}{\sum_l \phi_l(j,k)} \sum_{l=1}^{L} \phi_l(j,k)\,y_l y_l^{\mathrm{T}} - \mu_{jk}\mu_{jk}^{\mathrm{T}} \tag{A.50}$$

in den Baum-Welch-Algorithmus eingebunden werden. Die Variable $\phi_l(j,k)$ repräsentiert hierbei die Wahrscheinlichkeit, dass die k-te Basisdichte der Klasse j die Beobachtung y_l an der Position l generiert und ist definiert durch

$$\phi_l(j,k) = p(q_l = j, k_l = k | Y, \lambda)$$

$$= \begin{cases} \frac{1}{p(Y|\lambda)} \sum_{i=1}^{N} \alpha_{l-1}(i) \cdot a_{ij} \cdot c_{jk} \cdot \mathcal{N}(y_l|\theta_{jk}) \cdot \beta_l(j) & \text{für } l > 1 \\ \frac{1}{p(Y|\lambda)} \sum_{i=1}^{N} \pi_j \cdot c_{jk} \cdot \mathcal{N}(y_1|\theta_{jk}) \cdot \beta_1(j) & \text{für } l = 1. \end{cases} \qquad (A.51)$$

Mit diesen Gleichungen ist es möglich, die Q-Funktion in Gleichungen A.44 und A.45 zu berechnen.

Für die in der Arbeit gewählte Modellierung mit SCHMMs erweitern sich die Gleichungen A.49 und A.50 um eine Summation über alle Zustände für die Bewertung der globalen Basisdichten [Schukat-Talamazzini 1995] zu

$$\hat{\mu}_k - \frac{1}{\sum_{l=1}^{L} \sum_{j=1}^{N} \phi_l(j,k)} \cdot \sum_{l=1}^{L} \sum_{j=1}^{N} \phi_l(j,k) \cdot y_l \qquad (A.52)$$

$$\hat{\Sigma}_k = \frac{1}{\sum_{l=1}^{L} \sum_{j=1}^{N} \phi_l(j,k)} \cdot \sum_{l=1}^{L} \sum_{j=1}^{N} \phi_l(j,k) y_l y_l^{\mathrm{T}} - \hat{\mu}_k \hat{\mu}_k^{\mathrm{T}}. \qquad (A.53)$$

A.4 Voruntersuchungen in der Datenbasis

A.4.1 Bestimmung der Basisdichtenanzahl

Neben der Modelltopologie und Zustandszahl sind neben der Auswahl der Merkmale noch mehrere Parameter für diese und das Modell zu bestimmen. Die Bestimmung erfolgte hierbei wiederum mit Kreuzvalidierung. Die Analyse für die Anzahl initialer Basisdichten ist exemplarisch in Bild A.3 gezeigt. Die Anzahl der Fehlklassifikationen nimmt erwartungsgemäß mit steigender Zahl ab und konvergiert schließlich ab 10 Mischungskomponenten, für das gegebene Beispiel zu einem Fehler.

A.4.2 Bestimmung der Baum-Welch-Iterationen

Für die Güte der Klassifikation und in hohem Maße für die Komplexität der Berechnungen spielt die Anzahl der EM-Iterationen des Baum-Welch-Algorithmus

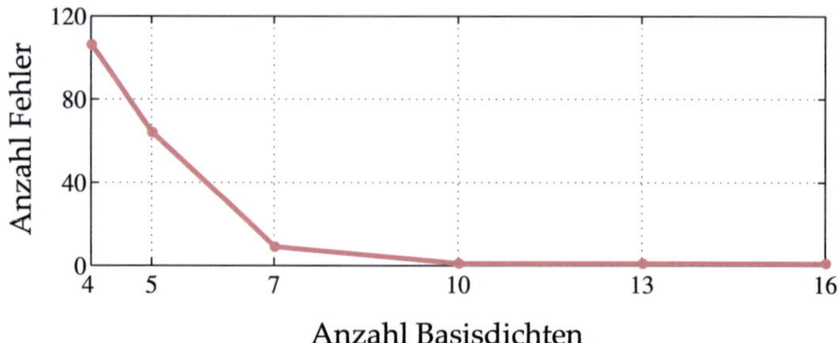

Bild A.3: Einfluss der Basisdichten auf Fehleranzahl.

eine wichtige Rolle. Der Verlauf der Log-Likelihoods während des Trainings sowie Einflüsse auf die Fehlerrate sind in Bild A.4 dargestellt.

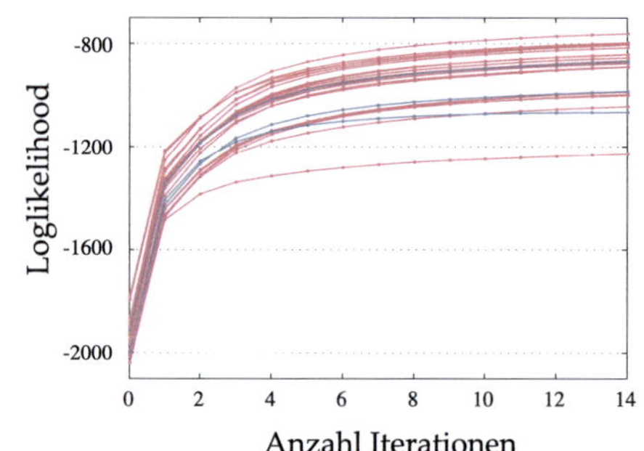

(a) Loglikelihood über BW-Iterationen für Trainings- (rot) und Validierungsmenge (blau)

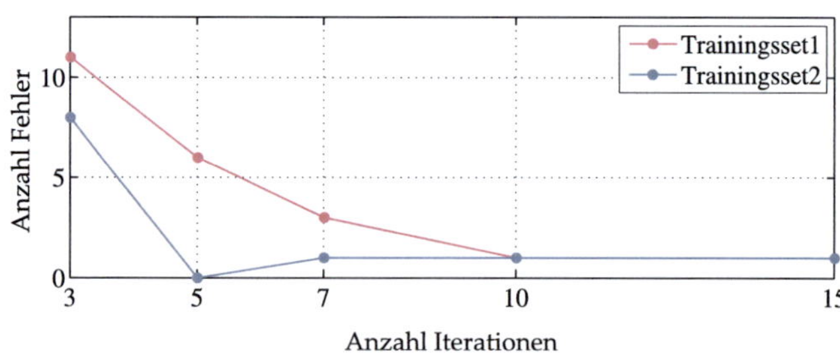

(b) Fehleranzahl über BW-Iteration für zwei unterschiedliche Trainingsmengen

Bild A.4: Einfluss der Iterationen des Baum-Welch-Algorithmus.

A.4.3 Bestimmung der Trainingssequenzanzahl

Die Anzahl der für das Training verwendeten Sequenzen ist nicht nur in Hinblick auf Schätzkomplexität und Klassifikationsrate wichtig, sondern kann auch für eine adaptive Anpassung an die Umgebungsbedingungen genutzt werden. Bild A.5 zeigt die Fehlerrate als Funktion verwendeter Trainingssequenzen für zwei unterschiedliche Klassen bei sonst gleichen Parameter. Als Ergebnis folgt

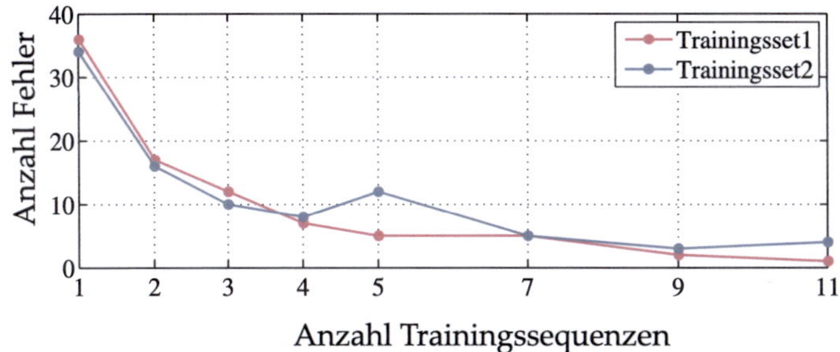

Bild A.5: Einfluss der Trainingssequenzenanzahl auf Klassifikationsfehler.

einem raschen Absinken der Fehlerzahl die Konvergenz ab 10 Sequenzen. Im regulären Bahnbetrieb ist eine Änderung der Parameter des WSS durch starke Temperatur- und Alterungseinflüsse zu erwarten. Durch Radabrieb erfolgt eine kontinuierliche Verringerung des Sensorabstandes und die Weicheneinbausituation kann durch Umbaumaßnahmen verändert werden. Die Nutzung der letzten L klassifizierten Weichen als neue Trainigssequenzen kann genutzt werden, um die Modelle den sich ändernden Umgebungsbedingungen anzupassen.

A.4.4 Verteilung der Sequenzanzahl in der Datenbasis

Für die Wahl der Weichenklassen wurden nur diejenigen Weichen berücksichtigt, die in den Testfahrten eine Mindestanzahl von 20 Befahrungen aufwiesen. Die Anzahl der Sequenzen schwankt hierbei, da die Testfahrten nicht immer auf den gleichen Streckenabschnitten ausgeführt wurden. Zusätzlich wurde die Datenbasis um Weichensequenzen bereinigt, die mehr als 40% Abweichung in der Länge, bezogen zum Klassenmittelwert aufwiesen. Diese Abweichungen deuten auf fehlerhafte Signalaufzeichnung oder sonstige Ausreißer der Datenbasis hin. In der Summe ergibt sich eine Anzahl Weichensequenzen pro Klasse, die von 20 bis 31 reicht. Insgesamt besteht die Datenbasis über alle 32 Klassen aus 966 Sequenzen. Die Aufschlüsselung wie viele Klassen mit wie vielen Sequenzen vertreten sind, ist in Tabelle A.1 aufgeführt.

Tabelle A.1: Zusammensetzung der Datenbasis.

Anzahl Weichenklassen	Anzahl Weichensequenzen
1	31
13	30
6	29
3	28
5	27
1	26
2	23
1	20

A.4.5 Parameterstudien für Waveletmerkmale

Für die Verwendung der Waveletmerkmale war es erforderlich die Art des Mutterwavelets und die Anzahl der verwendeten Skalen zu bestimmen.

A.4.5.1 Auswahl des Mutterwavelets

Für die Untersuchung eines geeigneten Mutterwavelets wurden die Skalen [4 13 25], 15 Basisdichten und die initiale Transitionswahrscheinlichkeit $a_{ii} = 0,3$ eingesetzt. Zusätzliche Information über die Eigneschaften und Definitionen von Mutterwavelets finden sich in [Mallat 1999; Kiencke u. a. 2008]. Die Ergebnisse der Voruntersuchung sind in Tabelle A.2 aufgelistet.

Das Biorthogonale Wavelet „bior3.5" weist mit nur 2 Fehlern die geringste Falschklassifikationsrate auf und wurde daher auch in der Arbeit verwendet. Ähnliche Resultate konnten mit Mutterwavelets der Symletfamilie („sym2") und der Coifletfamilie („coif2") erzielt werden, die nur eine geringfügig größere Anzahl von 3 Fehlern aufweisen.

A.4.5.2 Auswahl der Waveletskalen

Ist das Mutterwavelet festgelegt, müsssen die verwendeten Skalen des Wavelets definiert werden. Eine empirische Grundauswahl ergab die Skalen 4, 13 und 25, die für das betrachtete Mutterwavelet auf höhe der Schwellenbasisfrequenz, der bei Weichenzungen und Segmentübergängen auftretenden höheren Frequenzen

Tabelle A.2: Ergebnisse für einige Wavelets mit einer Datenbasis von 199 Sequenzen, Auswertung erfolgt auf Basis des Test- und Validierunsmengen.

Wavelet	Fehler	Fehlerrate	Wavelet	Fehler	Fehlerrate
bior1.1	4	3,39 %	coif1	6	5,08 %
bior1.3	5	4,24%	coif2	3	2,54 %
bior1.5	5	4,24%	coif3	4	3,39 %
bior2.2	3	2,54%	coif4	4	3,39 %
bior2.4	3	2,54%	coif5	4	3,39 %
bior2.6	4	3,39%	mexh	17	13,56 %
bior2.8	5	4,24%	sym2	3	2,54 %
bior3.1	4	3,39%	sym3	4	3,39 %
bior3.3	3	2,54%	sym4	3	2,54 %
bior3.5	**2**	**1,69%**	sym5	7	5,93 %
bior3.7	4	3,39%	sym6	4	3,39 %
bior3.9	5	4,24 %	db2	6	5,08 %
bior4.4	6	5,08 %	db3	4	3,39 %
bior5.5	5	4,24 %	db4	5	4,24 %
bior6.8	5	4,24 %	db5	4	3,39 %

und zwischen diesen beiden lagen. Tabelle A.3 zeigt die Ergebnisse für unterschiedliche Kombinationen der Skalen, eine weitere Erhöhung mit Zwischenskalen brachte keine Verbesserung, ab einer Anzahl von sechs Skalen steigt der Fehler aufgrd von Überanpassungseffekten wieder an.

Tabelle A.3: Verschiedene Skalen für die Wavelet-Transformation und deren Fehlerzahl. Der kleinste Fehler ist fett hervorgehoben.

Skalen	Fehleranzahl
[4]	3
[13]	2
[25]	4
[4 13]	2
[13 25]	4
[4 25]	2
[4 13 25]	1
[4 8 12 16 20 24]	3

A.4.6   Schätzung der Gleislängen im Albtal

Neben der voruntersuchung für die Klassifikation wurden auch Schwellendistanzen für das Albtal bestimmt. In Bild A.6 ist die Abstraktion des vorliegenden Streckennetzes der Albtalbahn gezeigt. An den Gleisen sind jeweils die Schätzungen der Länge und Längenvarianz in der Einheit Schwellen angegeben.

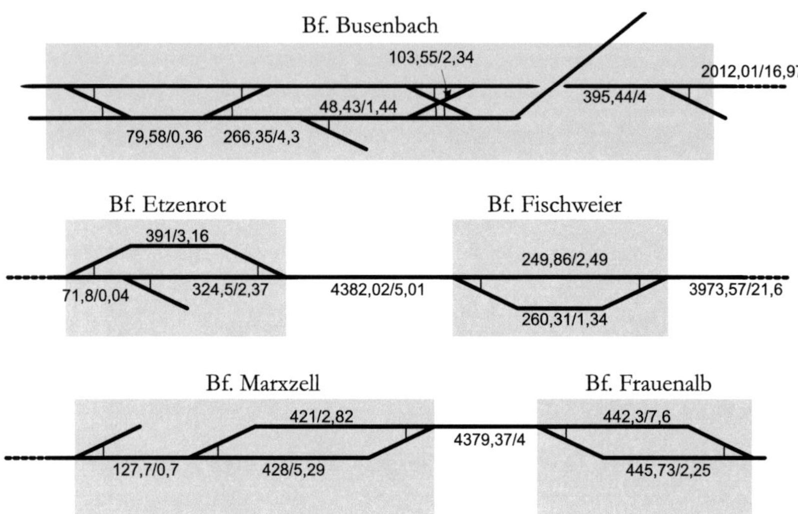

Bild A.6: Abstrahierter Gleisplan im Albtal mit Erwartungswert und Varianz der geschätzten Gleislänge in Schwellen.

Literaturverzeichnis

Akaike 1974

AKAIKE, Hirotugu: A new look at the statistical model identification. In: *IEEE Transactions on Automatic Control* 19 (1974), Nr. 6, S. 716 – 723

Akaike 1987

AKAIKE, Hirotugu: Factor analysis and AIC. In: *Psychometrika* 52 (1987), S. 317 – 332

Albanese u. Marradi 2005

ALBANESE, A. ; MARRADI, L.: The RUNE project: the integrity performances of GNSS-based railway user navigation equipment. In: *Proceedings of the ASME/IEEE Joint Rail Conference*, 2005, S. 211 – 218

Arulampalam 2002

ARULAMPALAM, Sanjeev: A Tutorial on Particle Filters for Online Nonlinear/Non-Gaussian Bayesian Tracking. In: *IEEE Transactions on Signal Processing* 50 (2002), S. 174 – 188

Bailey u. Durrant-Whyte 2006

BAILEY, Tim ; DURRANT-WHYTE, Hugh: Simultaneous Localization and Mapping (SLAM): Part II State of the Art. In: *IEEE Robotics and Automation Magazine* 13 (2006), Nr. 3, S. 108 – 117

Bar-Shalom u. Chen 2005

BAR-SHALOM, Yaakov ; CHEN, Huimin: IMM estimator with out-of-sequence measurements. In: *IEEE Transactions on Aerospace and Electronic Systems* Bd. 41, 2005, S. 90–98

Bar-Shalom u. a. 2001

BAR-SHALOM, Yaakov ; LI, Xiao-Rong ; KIRUBARAJAN, Thiagalingam: *Estimation with Applications to Tracking and Navigation: Theory Algorthims and Software: Theory Algorithms and Software*. John Wiley & Sons, 2001

Baum 1972

BAUM, Leonard E.: An Inequality and Associated Maximization Technique in Statistical Estimation for Probabilistic Functions of Markov processes. In: *Inequalities III* (1972), S. 1 – 8

Baum u. Petrie 1966
BAUM, Leonhard E. ; PETRIE, Thomas: Statistical inference for probabilistic functions of finite state Markov chains. In: *Annual of Mathematical Statistics* 44 (1966), S. 1554 – 1563

Bedrich u. Gu 2004
BEDRICH, S. ; GU, X.: INTEGRAIL- Final Presentation. Nordwijk, 2004.
– Abschlusspräsentation

Bengio 1999
BENGIO, Yoshua: Markovian Models for Sequential Data. In: *Neural Computing Surveys* 2 (1999), S. 129–162

Bentoumi u. a. 2003
BENTOUMI, M. ; AKNIN, P. ; BLOCH, G.: On-line rail defect diagnosis with differential eddy current probes and specific detection processing. In: *The European Physical Journal Applied Physics* Bd. 23, 2003, S. 227–233. – ISSN 1286-0042

Bentoumi u. a. 2004
BENTOUMI, M. ; BLOCH, G. ; AKNIN, P. ; MILLERIOUX, G.: Blind source separation for detection and classification of rail surface defects. In: *SAEM - Studies in Applied Electromagnetics and Mechanics* 24 (2004), S. 112 – 119

Berger 2003
BERGER, Christian: *Optische Korrelationssensoren zur Geschwindigkeitsmessung technischer Objekte.* Düsseldorf : VDI, 2003

Bezie u. Lockwood 1993
BEZIE, Olivier ; LOCKWOOD, Philip: Beam Search and Partial Traceback in the Frame-Synchronous Two-Level-Algorithm. In: *IEEE International Conference on Acoustics, Speech, and Signal Processing ICASSP*, 1993

Bilmes 1997
BILMES, Jeff: A Gentle Tutorial of the EM Algorithm and its Application to Parameter Estimation for Gaussian Mixture and Hidden Markov Models / ICSI - International Computer Science Institute, Berkley. 1997. – Forschungsbericht

Bilmes 2006
BILMES, Jeff: What HMMs can do. In: *IEICE - Transactions on Information and Systems* 3 (2006), März, Nr. 89, S. 869 – 891

Bishop 2006

BISHOP, Christopher: *Pattern Recognition and Machine Learning*. Information Science and Statistics, 2006

Böhringer 2008

BÖHRINGER, Frank: *Gleisselektive Ortung von Schienenfahrzeugen mit bordautonomer Sensorik*, Universität Karlsruhe, Dissertation, 2008

Böhringer u. Geistler 2006

BÖHRINGER, Frank ; GEISTLER, Alexander: Comparison between different fusion approaches for train-borne location systems. In: *Proc. IEEE International Conference on Multisensor Fusion and Integration for Intelligent Systems*. New York, 2006, S. 267–272

Booth 1967

BOOTH, Taylor: *Sequential Machines and Automata Theory*. John Wiley and Sons, 1967

Box u. a. 1994

BOX, George E. P. ; JENKINS, Gwilym M. ; REINSEL, Gregory C.: *Time Series Analysis: Forecasting and Control*. Prentice Hall, 1994

Burkhardt u. Moll 1979

BURKHARDT, H. ; MOLL, H.: A modified Newton-Raphson-Search for the Model-Adaptive Identifications of Delays. In: ISERMANN, R. (Hrsg.): *Identification and System Parameter Estimation*, 1979, S. 1279–1286

Cappé u. a. 2005

CAPPÉ, Olivier ; MOULINES, Eric ; RYDÉN, Tobias: *Inference in Hidden Markov Models*. Springer, 2005

Chamroukhi u. a. 2009

CHAMROUKHI, F. ; SAMÉ, A. ; GOVAERT, G. ; AKNIN, P.: Time series modeling by a regression approach based on a latent process. In: *Neural Networks* 22 (2009), S. 593 – 602

Choset u. Nagatani 2001

CHOSET, Howie ; NAGATANI, Keiji: Topological Simultaneous Localization and Mapping (SLAM): Toward Exact Localization Without Explicit Localization. In: *IEEE Transactions on Robotics and Automation* 17 (2001), Nr. 2, S. 125 – 137

Dempster u. a. 1977

DEMPSTER, A.P. ; LAID, N.M. ; RUBIN, D.B.: Maximum-likelihood from inclomplete data via EM algorithm. In: *Journal of the Royal Statistical Society* 39 (1977)

Denoix 2009

DENOIX, Georg: *Topologische Ortung von Schienenfahrzeugen*, Karlsruhe Institute of Technology, Diplomarbeit, Januar 2009

Diestel 2006

DIESTEL, Reinhard: *Graphentheorie*. 3. Springer, Berlin, 2006

Dissanayake u. a. 2000

DISSANAYAKE, G. ; DURRANT-WHYTE, H.F. ; SCHEDING, S.J.: An experiment in autonomous navigation of an underground mining vehicle. In: *IEEE Transactions on Robotics and Automation* 15 (2000), Nr. 1, S. 85 – 95

Doucet u. a. 2001

DOUCET, Arnaud ; FREITAS, Nando de ; GORDON, Neil: *Sequential Monte Carlo Methods in Practice*. Springer, 2001

Doucet u. a. 2000

DOUCET, Arnaud ; GODSILL, Simon ; ANDRIEU, Christophe: On sequential Monte Carlo sampling methods for Bayesian filtering. In: *Statistics and Computing* 10 (2000), S. 197–208

Doucet u. Johansen 2008

DOUCET, Arnaud ; JOHANSEN, Adam M.: A Tutorial on Particle Filtering and Smoothing: Fifteen years Later / University of British Columbia. 2008. – Forschungsbericht

Duda u. a. 2001

DUDA, Richard ; HART, Peter ; STORK, David: *Pattern Classification - 2nd edition*. Wiley Interscience, 2001

Durbin 2002

DURBIN, Richard: *Biological sequence analysis*. Cambridge University Press, 2002. – 350 S

Durrant-Whyte u. Bailey 2006

DURRANT-WHYTE, Hugh ; BAILEY, Tim: Simultaneous Localisation and Mapping (SLAM): Part I The Essential Algorithms. In: *IEEE Robotics and Automation Magazine* 2 (2006), S. 1 – 9

Engelberg u. a. 2000

ENGELBERG, T. ; MESCH, F. ; PUENTE-LÉON, F.: Bordautonome Identifikation von Eisenbahnweichen mit Wirbelstrom-Sensoren. In: *VDI-Berichte* 1530 (2000), S. 891 – 900

Engelberg 2001

ENGELBERG, Thomas: *Geschwindigkeitsmessung von Schienenfahrzeugen mit Wirbelstrom-Sensoren*. Düsseldorf : VDI, 2001

Engelberg u. Mesch 2000

ENGELBERG, Thomas ; MESCH, Franz: Eddy current sensor system for non-contact speed and distance measurement of rail vehicles. In: *Computers in Railways VII*, WIT Press, 2000, S. 1261–1270

Ephraim u. Merhav 2002

EPHRAIM, Yariv ; MERHAV, Neri: Hidden Markov Processes. In: *IEEE Transactions on Information Theory* 48 (2002), June, Nr. 6, S. 1518 – 1569

Fahrmeir u. a. 2004

FAHRMEIR, Ludwig ; KÜNSTLER, Rita ; PIGEOT, Iris ; TUTZ, Gerhard: *Statistik*. 5. Springer, 2004

Fairfield 2009

FAIRFIELD, Nathaniel: *Localization, Mapping, and Planning in 3D Environments*, The Robotics Institute - Carnegie Mellon University Pittsburgh, Pennsylvania, Dissertation, Januar 2009

Ferguson 1980

FERGUSON, J. D. (Hrsg.): *Proceedings of the Symposium on the Application of Hidden Markov Models to Text and Speech*. Princeton, NJ, 1980

Filip u. a. 2001

FILIP, Ale ; MOCEK, Hynek ; BAZANT, Lubor: Zugortung auf GPS/GNSS-Basis für sicherheitskritische Anwendungen. In: *Signal + Draht* 5 (2001), S. 16–21

Fink 2003

FINK, Gernot A.: *Mustererkennung mit Markov-Modellen: Theorie-Praxis-Anwendungsgebiete*. Vieweg+Teubner, 2003

Fox 2003

FOX, Dieter: Adapting the Sample Size in Particle Filters Through KLD-Sampling. In: *The International Journal of Robotics Research* 22 (2003), Nr. 12, S. 985 – 1003

Fox u. a. 1999

FOX, Dieter ; BURGARD, Wolfgang ; DELLAERT, Frank ; ROBOTS, Sebastian Thrun Monte Carlo Localization: E. position estimation for mobile: Monte Carlo Localization: Efficient position estimation for mobile robots. In: *Proceedings of the National Conference on Artificial Intelligence*, 1999

Fukunaga 1990

FUKUNAGA, Keinosuke: *Introduction to Statistical Pattern Recognition.* 2. Academic Press, 1990

Geistler 2007

GEISTLER, Alexander: *Schriftenreihe Institut für Mess- und Regelungstechnik.* Bd. Nr. 005: *Bordautonome Ortung von Schienenfahrzeugen mit Wirbelstrom-Sensoren.* Karlsruhe : Universitätsverlag Karlsruhe, 2007

Geistler u. Böhringer 2004

GEISTLER, Alexander ; BÖHRINGER, Frank: Detection and Classification of Turnouts Using Eddy Current Sensors. In: ALLAN, J. (Hrsg.) ; HILL, R. J. (Hrsg.) ; BREBBIA, C. A. (Hrsg.) ; SCIUTTO, G. (Hrsg.) ; SONE, S. (Hrsg.): *Computers in Railways IX.* Southampton : WIT Press, 2004, S. 467–476

Geistler u. Böhringer 2006

GEISTLER, Alexander ; BÖHRINGER, Frank: Weichenklassifikation zur gleisselektiven Ortung von Schienenfahrzeugen. In: *VDE Kongress 2006 Aachen, Innovations for Europe* Bd. 2. Aachen : VDE-Verlag, 2006, S. 395–400

Genghi u. a. 2003

GENGHI, A. ; MARRADI, L. ; MARTINELLI, L. ; CAMPA, L. ; LABBIENTO, G. ; CIANCI, J. ; VENTURI, G. ; GENNARO, G. ; TOSSAINT, M.: The RUNE Project: Design and Demonstration of a GPS/EGNOS-Based Railway User Navigation Equipment. In: *Proceedings of ION-GPS/GNSS*, 2003

Ghahramani 2001

GHAHRAMANI, Zoubin: An Introduction to Hidden Markov Models and Bayesian Networks. In: *International Journal of Pattern Recognition and Artificial Intelligence* 15 (2001), S. 9 – 42

Ghil u. a. 2002

GHIL, Markus ; ALLEN, Matthias R. ; DETTINGER, Alfred D. ; IDE, Kobe ; KONDRASHOV, Dummerle: Advanced Spectral Methods for Climatic Time series. In: *Reviews of Geophysics* 40 (2002), S. 1 – 41

Google Earth 2010

GOOGLE EARTH: *Softwareprogramm*. Google Inc. August 2010

Gray u. Davisson 2004

GRAY, Robert M. ; DAVISSON, Lee D.: *An Introduction to Statistical Signal Processing*. Cambridge University Press, 2004

Guedon 2004

GUEDON, Yann: Hidden hybrid Markov/semi-Markov chains. In: *Computational statistics & Data analysis*, 2004

Gustafsson u. al. 2002

GUSTAFSSON, Frederik ; AL.: Particle Filters for Positioning, Navigation and Tracking. In: *IEEE Transactions on Signal Processing* 50 (2002), S. 425 – 436

Hartley u. Zisserman 2004

HARTLEY, Richard ; ZISSERMAN, Andrew: *Multiple View Geometry in Computer Vision*. Bd. 2. Cambridge University Press, 2004

Hasberg 2009

HASBERG, Carsten: Regression with Probabilistic Cubic Splines. In: *Robotics Science and Systems (RSS) Workshop on Regression in Robotics*, 2009

Hasberg u. Hensel 2008

HASBERG, Carsten ; HENSEL, Stefan: Online-Estimation of Road Map Elements using Spline Curves. In: *Proc. of the 11th IEEE International Conference on Information Fusion*, 2008

Hasberg u. Hensel 2010a

HASBERG, Carsten ; HENSEL, Stefan: Bayesian Mapping with Probabilistic Cubic Splines. In: *Proc. of the IEEE International Workshop on Machine Learning for Signal Processing (MLSP)*, 2010

Hasberg u. Hensel 2010b

HASBERG, Carsten ; HENSEL, Stefan: Geometric Augmentation of Topological Track Atlas for Localization. In: *Proc. of the 13th IEEE International Conference on Information Fusion, 2010*, 2010

Hasberg u. a. 2010

HASBERG, Carsten ; HENSEL, Stefan ; STILLER, Christoph: Schritt haltende geometrische Kartierung zur Lokalisierung von Schienenfahrzeugen. In: *XXIV. Messtechnisches Symposium des Arbeitskreises der Hochschullehrer für Messtechnik e. V. (AHMT)*, 2010

Hastie u. a. 2001
HASTIE, Trevor ; TIBSHIRANI, Robert ; FRIEDMAN, Jerome: *The Elements of Statistical Learning.* Springer, 2001

Hensel 2007
HENSEL, Stefan: Summary of Regina Winter Test in Västerås / Institut für Mess- und Regelungstechnik, Universität Karlsruhe (TH). 2007. – Forschungsbericht

Hensel u. Geistler 2006
HENSEL, Stefan ; GEISTLER, Alexander: Laboratory and Field Tests of a new Eddy Current Sensor System / Institut für Mess- und Regelungstechnik, Universität Karlsruhe (TH). 2006. – Forschungsbericht

Hensel u. Hasberg 2008
HENSEL, Stefan ; HASBERG, Carsten: HMM Based Segmentation of Continuous Eddy Current Sensor Signals. In: *Proc. IEEE International Conference on Intelligent Transportation Systems*, 2008, S. 760 – 765

Hensel u. Hasberg 2009a
HENSEL, Stefan ; HASBERG, Carsten: Bayesian Techniques for Onboard Train Localization. In: *Proc. of IEEE Workshop on Statistical Signal Processing*, 2009

Hensel u. Hasberg 2009b
HENSEL, Stefan ; HASBERG, Carsten: Multi Sensor Mapping of Rail Networks. In: *Proc. of the 12th IEEE International Conference on Information Fusion, 2009*, 2009

Hensel u. Hasberg 2010
HENSEL, Stefan ; HASBERG, Carsten: Probabilistic Landmark Based Localization of Rail Vehicles in Topological Maps. In: *IEEE International Conference on Intelligent Robots and Systems (IROS)*, 2010

Hensel u. a. 2008
HENSEL, Stefan ; HASBERG, Carsten ; RÜTTERS., Rene: Robust Data Transmission with Eddy Current Sensor. In: *Proceedings of the 11th International Conference on Computers in Railways (COMPRAIL 2008)*, 2008

Hetzer 2008
HETZER, Andreas: *Klassifikation von Eisenbahnweichen mittels Hidden-Markov-Modellen*, Universität Karlsruhe, Diplomarbeit, 2008

Hänsler 2001
HÄNSLER, Eberhard: *Statistische Signale: Grundlagen und Anwendungen.* 3. Springer, Berlin, 2001

Hoffmann 1998
HOFFMANN, Rüdiger: *Signalanalyse und -erkennung.* Springer, 1998

Holzmann u. a. 2004
HOLZMANN, Gerd (Hrsg.) ; MARKS-FÄHRMANN, Ulrich (Hrsg.) ; RESTETZKI, Klaus (Hrsg.) ; SUDWISCHER, Karl-Heinz (Hrsg.): *Grundwissen Bahn.* Europa Lehrmittel, 2004

Huang u. a. 2001
HUANG, Xuedong ; ACERO, Alex ; HON, Hsiao-Wuen: *Spoken Language Processing.* Prentice Hall, PTR, 2001

Huber u. Ronchetti 2009
HUBER, Peter J. ; RONCHETTI, Elvezio M.: *Robust Statistics.* 2. John Wiley & Sons, 2009

Jaynes 2003
JAYNES, Edwin T. ; BRETTHORST, G. L. (Hrsg.): *Probability Theory the logic of science.* Cambridge University Press, 2003

Karlsson 2005
KARLSSON, Rickard: *Particle Filtering for Positioning and Tracking Applications,* Department of Electrical Engineering, Linköping University, Dissertation, 2005

Kiencke u. a. 2008
KIENCKE, U. ; SCHWARZ, Michael ; WEICKERT, Thomas: *Signalverarbeitung.* Oldenbourg, 2008. – 419 S

Kil u. Shin 1996
KIL, David H. ; SHIN, Frances B. ; BEYER, Robert T. (Hrsg.): *Pattern Recognition and Prediction with Applications to Signal Characterization.* AIP Press, American Institute of Physics, 1996

Kohavi u. Jha 2009
KOHAVI, Zvi ; JHA, Niraj K.: *Switching and Finite Automata Theory.* 3. Cambridge University Press, 2009

Koller u. Fratkina 1998

KOLLER, D. ; FRATKINA, R.: Using learning for approximation in stochastic processes. In: *Proceedings of the International Conference on Machine Learning*, 1998

Kroschel 2003

KROSCHEL, Kristian: *Statistische Informationstechnik: Signal- und Mustererkennung, Parameter- und Signalschätzung*. Springer, Berlin, September 2003

Kuipers 2000

KUIPERS, Benjamin: The Spatial Semantic Hierarchy. In: *Artifical Intelligence* 119 (2000), Nr. 1-2, S. 191 – 233

Lambrecht u. a. 2009

LAMBRECHT, Martin ; ERDMENGER, Christoph ; BÖLKE, Michael ; BRENK, Volker ; FREY, Kilian ; JAHN, Helge: Strategie für einen nachhaltigen Güterverkehr / Umweltbundesamt. 2009. – Forschungsbericht

de Laplace 1812

LAPLACE, Pierre S. de: *Théorie analytique des probabilités*. Courcier Imprimeur, 1812

Leal 2003

LEAL, Jeff: *Stochastic Environment Representation*, The University of Sydney, Dissertation, 2003

Levinson 1985

LEVINSON, Stephen E.: Structural Methods in Automatic Speech Recognition. In: *Proceedings of the IEEE* 73 (1985), November, Nr. 11, S. 1625 – 1650

Limpert u. a. 2001

LIMPERT, Eckhard ; STAHEL, Werner ; ABBT, Markus: Log-normal Distributions across the Sciences: Keys and Clues. In: *BioScience* 51 (2001), May, Nr. 5, S. 341– 352

Lindeberg 1922

LINDEBERG, J. W.: Eine neue Herleitung des Exponentialgesetzes in der Wahrscheinlichkeitsrechnung. In: *Mathematische Zeitschrift* 15 (1922), S. 211 – 225

Lindsey 2004

LINDSEY, J. K.: *Statistical Analysis of Stochastic Processes in Time*. Cambridge University Press, 2004

Lloyd 1982

LLOYD, S. P.: Least Squares Quantization in PCM. In: *IEEE Transactions on Information Theory* 28 (1982), S. 129 – 137

Lynch 1960

LYNCH, Kevin: *The image of the city*. Cambridge, Mass. : The Technology Pr & Harvard Univ. Pr., 1960 (Publication of the Joint Center for Urban Studies)

MacQueen 1967

MACQUEEN, J.: Some Methods for Classification and Analysis of Multivariate Observations. In: LECAM, L. M. (Hrsg.) ; NEYMAN, J. (Hrsg.): *Proceedings of the Fifth Berkeley Symposium on Mathematical Statistics and Probability* Bd. 1, 1967, S. 281 – 297

Majumbder 2001

MAJUMBDER, Somajyoti: *Sensor Fusion and Feature-Based Navigation for Subsea Robots*, The University of Sydney, Dissertation, 2001

Mallat 1999

MALLAT, Stephané: *A Wavelet Tour of Signal Processing*. 2. Academic Press, 1999. – 637 S

Mansfeld 2004

MANSFELD, Werner: *Satellitenortung und Navigation: Grundlagen und Anwendung globaler Satellitennavigationssysteme*. 2. Wiesbaden : Vieweg, 2004. – ISBN: 3-528-16886-2

Maybeck 1979

MAYBECK, Peter S.: *Mathematics in Science and Engineering*. Bd. 141: *Stochastic Models, Estimation and Control. Bd. 1*. New York : Academic Press, 1979

McIntire u. McMaster 1986

MCINTIRE, Peter ; MCMASTER, Ronald C.: *Nondestructive Testing Handbook, Vol. 4*. The American Society for Nondestructive Testing, Columbus, Ohio, 1986

McKay 2003

MCKAY, David J. ; HENSEL (Hrsg.): *Information Theory, Inference, and Learning Algorithms*. 4. Cambridge University Press, 2003

McKay 2002
MCKAY, Rachel J.: Estimating the order of a hidden Markov model. In: *The Canadian Journal of Statistics* 30 (2002), Nr. 4, S. 573 – 589

McLachlan u. Krishnan 1997
MCLACHLAN, Geoffrey ; KRISHNAN, Thriyambakam: *The EM-Algorithm and Extensions*. Wiley Interscience, 1997

McLachlan u. Peel 2000
MCLACHLAN, Geoffrey ; PEEL, David: *Finite Mixture Models*. 1. Wiley-Interscience, October 2000

Mesch u. a. 2000
MESCH, Franz ; PUENTE LEÓN, Fernando ; ENGELBERG, Thomas: Train-based location by detecting rail switches. In: *Computers in Railways VII*. Southampton : WIT Press, 2000, S. 1251–1260

Middleton 1996
MIDDLETON, David ; ANDERSON, John B. (Hrsg.): *An Introduction to Statistical Communication Theory*. 2. IEEE Communications Society, 1996

Morris u. Trivedi 2008
MORRIS, Brendan T. ; TRIVEDI, Mohan M.: Learning, Modeling, and Classification of Vehicle Track Patterns from Live Video. In: *IEEE Transactions on Inte* 9 (2008), Nr. 3, S. 425 – 437

Müller 1991
MÜLLER, Gerhard: *Weichen-Handbuch*. 4. Berlin : Transpress, Verlag für Verkehrswesen, 1991

Murphy 2002
MURPHY, Kevin P.: *Dynamic Bayesian Networks: Representation, Inference and Learning*, University of California, Berkeley, Dissertation, 2002

Netze 2009
NETZE, DB: *Gleise in Serviceeinrichtungen*. Oktober 2009

Oppenheim u. Schafer 1999
OPPENHEIM, Allen ; SCHAFER, Ronald: *Discrete Time Signal Processing*. Prentice Hall, 2nd edition, 1999

Oukhellou u. a. 2008
OUKHELLOU, L. ; CÔME, E. ; BOUILLAUT, L. ; AKNIN, P.: Combined use of sensor data and structural information resumed by Bayesian network.

Application to a railway diagnosis-aid scheme. In: *Transportation Research, Part C, Elsevier* 16 (2008), S. 755 – 767

Pachl 2004

PACHL, Jörn: *Systemtechnik des Schienenverkehrs.* Stuttgart/Leipzig : Teubner, 2004

Panzieri u. a. 2002

PANZIERI, Stefano ; PASCUCCI, Federica ; ULIVI, Giovanni: An outdoor navigation system using GPS and inertial platform. In: *IEEE/ASME Transactions on Mechatronics* 7 (2002), Nr. 2, S. 134 – 142

Papoulis 2002

PAPOULIS, Athanasios: *Probability, Random Variables, and Stochastic Processes.* 4 th. Mcgraw-Hill Higher Education, 2002

Pearl 1988

PEARL, Judea: *Probabilistic Reasoning in Intelligent Systems: Networks of plausible Inference.* Morgan Kaufmann Publishers, Inc., San Mateo, CA, 1988

Picard u. Cook 1984

PICARD, Richard ; COOK, Dennis: Cross-Validation of Regression Models. In: *Journal of the American Statistical Association* Vol. 79 (1984), September, Nr. 387, S. 575 – 583

Plan 2003

PLAN, Oliver: *GIS-gestützte Verfolgung von Lokomotiven im Werkbahnverkehr,* Universität der Bundeswehr München, Fakultät für Bauingenieur- und Vermessungswesen, Dissertation, 2003

Puente-Léon u. Engelberg 2005

PUENTE-LÉON, Fernando ; ENGELBERG, Thomas: Model-based Sensing of Track Components for Location of Rail Vehicles. In: *IMTC 2005 - Instrumentation and Measurement Technology Conference,* 2005

Quddus u. a. 2007

QUDDUS, Mohammed A. ; OCHIENG, Washington Y. ; NOLAND, Robert B.: Current map-matching algorithms for transport applications: State-of-the art and future research directions. In: *Transportation Research Part C, Elsevier* 15 (2007), S. 312 – 328

Rabiner 1989

RABINER, Lawrence: A Tutorial on Hidden Markov Models and Selected

Applications in Speech Recognition. In: *Proceedings of the IEEE* 77 (1989), S. 257–286

Rabiner u. Juang 1993
RABINER, Lawrence ; JUANG, Biing-Hwang: *Fundamentals of Speech Recognition*. Prentice Hall, 1993

Ranganathan 2008
RANGANATHAN, Ananth: *Probabilistic Topological Maps*, Georgia Institute of Technology, Dissertation, March 2008

Ratzenberger 2010
RATZENBERGER, Ralf: Gleitende Mittelfristprognose für den Güter- und Personenverkehr / Bundesministeriums für Verkehr, Bau und Stadtentwicklung. 2010. – Forschungsbericht

Raval u. a. 2002
RAVAL, Alf ; GHAHRAMANI, Zoubin ; WILD, Dieter L.: A Bayesian network model for protein fold and remote homologue recognition. In: *Bioinformatics* 18 (2002), Nr. 6, S. 788 – 801

Rodriguez u. Perronnin 2008
RODRIGUEZ, Jose A. ; PERRONNIN, Florent: Score Normalization for HMM-basedWord Spotting Using a Universal Background Model. In: *Proceedings of the 1st International Conference on Handwriting Recognition (ICFHR'08)*, 2008

Rousseeuw u. Leroy 2003
ROUSSEEUW, Peter J. ; LEROY, Adam M.: *Robust regression and outlier detection*. 2. John Wiley & Sons, Inc., New York, NY, USA, 2003

Saab 2000a
SAAB, Samer S.: A Map matching approach for train positioning. Part I: Development and analyisis. In: *IEEE Transaction On Vehicular Technology* Bd. 49, März 2000, S. 467–475

Saab 2000b
SAAB, Samer S.: A Map matching approach for train positioning. Part II: Application and Expermentation. In: *IEEE Transaction On Vehicular Technology* Bd. 49, März 2000, S. 476–484

Sachs 2004
SACHS, Lothar: *Angewandte Statistik*. 11. Springer-Verlag GmbH, 2004

Schnieder 2007

SCHNIEDER, Eckehard: *Verkehrsleittechnik: Automatisierung des Straßen- und Schienenverkehrs*. Springer, Berlin, 2007

Schnieder u. a. 2009

SCHNIEDER, Eckhardt ; BEISEL, Daniel ; HENSEL, Stefan ; HASBERG, Carsten ; MEYER ZU HÖRSTE, Michael ; POLIAK, Jan ; ROSS, Ralph: *Entwicklung eines Demonstrators für Ortungsaufgaben mit Sicherheitsverantwortung im Schienengüterverkehr*. Deutsches Zentrum für Luft- und Raumfahrt DLR, Dezember 2009

Schukat-Talamazzini 1995

SCHUKAT-TALAMAZZINI, Erwin: *Automatische Spracherkennung*. Vieweg, Braunschweig, 1995

Schwarz 1978

SCHWARZ, Guenther: Estimating the dimension of a model. In: *The annals of statistics* 6 (1978), S. 461 – 464

Shang-Guan u. a. 2009

SHANG-GUAN, Wei ; CAI, Bai gen ; WANG, Jian ; LIU, Jiang: Research of Train Control System Special Database and Position Matching Algorithm. In: *Proceedings of the IEEE Intelligent Vehicle Symposium 2009 (IV)*, 2009, S. 1039 – 1044

Silver u. a. 2006

SILVER, David ; FERGUSON, Dave ; MORRIS, Aaron ; THAYER, Scott: Topological Exploration of Subterranean Environments. In: *Journal of Field Robotics* 23 (2006), S. 396 – 415

Spiegelhalter u. a. 2002

SPIEGELHALTER, David J. ; BEST, Nicola ; CARLIN, Bradley ; LINDE, Angelika van der: Bayesian measures of complexity and fit (with discussion). In: *Journal of the Royal Statistics Society* 64 (2002), S. 583 – 639

Steeb 2004

STEEB, Siegfried: *Zerstörungsfreie Werkstück- und Werkstoffprüfung: Die gebräuchlichsten Verfahren im Überblick*. Expert-Verlag Gmbh, 2004

Stiller 2008

STILLER, Christoph: *Disposition der Vorlesung Messtechnik II*. Universität Karlsruhe (TH), Institut für Mess- und Regelungstechnik (Veranst.), 2008

Strauss 2009

STRAUSS, Tobias: *Reliable estimation of train velocity based on eddy current sensor signals*, Universität Karlsruhe, Diplomarbeit, 2009

Strauss u. a. 2009

STRAUSS, Tobias ; HASBERG, Carsten ; HENSEL, Stefan: Correlation Based Velocity Estimation During Accelaration Phases with Application in Rail Vehicles. In: *IEEE/SP 15th Workshop on Statistical Signal Processing*, 2009

Sugiura 1978

SUGIURA, Nakomo: Further analysis of the data by Akaike's information criterion and the finite corrections. In: *Communications in Statistics - Theory and Methods* A7 (1978), S. 13 – 26

Thrun 2002

THRUN, Sebastian: Robotic Mapping: A Survey / Carnegie Mellon University. 2002. – Forschungsbericht

Thrun u. a. 2005

THRUN, Sebastian ; BURGARD, Wolfram ; FOX, Dieter: *Probabilistic Robotics*. Cambridge : The MIT Press, 2005

Thrun u. a. 1998

THRUN, Sebastian ; GUTMANN, Jens ; FOX, Dieter ; BURGARD, Wolfram ; KUIPERS, Benjamin J.: Integrating Topological and Metric Maps for Mobile Robot Navigation: A Statistical Approach. In: *Proceedings of AAAI*, 1998

Tomasi u. a. 2004

TOMASI, Giorgio ; BERGAND, Frans van den ; ANDERSSON, Claus: Correlation optimized warping and dynamic time warping as preprocessing methods for chromatographic data. In: *Journal of Chemometrics* 18 (2004), S. 231 – 241

Tomatis u. a. 2003

TOMATIS, N. ; NOURBAKHSH, I. ; SIEGWART, R.: Hybrid Simultaneous Localization and Map Building: a Natural Integration of Topological and Metric. In: *Robotics and Autonomous Systems* 44 (2003), S. 3 – 14

Torralba u. a. 2003

TORRALBA, Antonio ; MURPHY, Kevin P. ; FREEMAN, William T. ; RUBIN, Mark A.: Context-Based Vision System for Place and Object Recognition / Massachusetts Institute of Technology (MIT), Cambridge USA. 2003. – Forschungsbericht

Tully u. a. 2007
TULLY, Stephen ; MOON, Hyungpil ; MORALES, Deryck ; KANTOR, George ; CHOSET, Howie: Hybrid Localization Using the Hierarchical Atlas. In: *Proceedings of the 2007 IEEE/RJS International Conference on Intelligent Robots and Systems*, 2007

Vasquez u. a. 2009
VASQUEZ, Dizan ; FRAICHARD, Thierry ; LAUGIER, Christian: Growing Hidden Markov Models: An Incremental Tool for Learning and Predicting Human and Vehicle Motion. In: *The International Journal of Robotics Research* 28 (2009), S. 1486 – 1506

Viterbi 1967
VITERBI, A.: Error bounds for convolutional codes and an asymptotically optimum decoding algorithm. In: *IEEE Transactions on Information Theory* 5 (1967), S. 260–269

Wald 1947
WALD, Abraham: Sequential Tests of Statistical Hypotheses. In: *The Annals of Mathematical Statistics* 16 (1947), Nr. 2, S. 117 – 186

Welch u. Bishop 2001
WELCH, Greg ; BISHOP, Gary: An Introduction to the Kalman Filter. In: *SIGGRAPH 2001*, University of North Carolina, 2001, S. Course 8

Wendel 2007
WENDEL, Jan: *Integrierte Navigationssysteme: Sensordatenfusion, GPS und Inertiale Navigation*. München : Oldenbourg, 2007

Wendemuth u. a. 2004
WENDEMUTH, Andreas ; ANDELIC, Edin ; BARTH, Sebastian: *Grundlagen der stochastischen Sprachverarbeitung*. München : Oldenbourg, 2004

Westphal 2001
WESTPHAL, Martin: *Robuste kontinuierliche Spracherkennung für mobile Informationssysteme*, Universität Karlsruhe, Dissertation, 2001

Winter u. a. 2009
WINTER, Peter ; BRABAND, Jens ; CICCO, Paolo de ; EURAILPRESS (Hrsg.): *Compendium on ERTMS: European Rail Traffic Management System*. UIC International, 2009

Zeitler 1998

ZEITLER, Rüdiger: *Digitale Korrelationsmeßsysteme zur eindimensionalen Geschwindigkeitsmessung fester Oberflächen*. Düsseldorf : VDI, 1998

Zhang 1997

ZHANG, Zhengyou: Parameter Estimation Techniques: A Tutorial with Application to Conic Fitting. In: *Image and Vision Computing* 15 (1997), Nr. 1, S. 59 – 76

Zucchini u. MacDonald 2009

ZUCCHINI, Walter ; MACDONALD, Iain L.: *Hidden Markov Models for Time Series*. CRC Press, 2009

Band 007 Hoffmann, Christian
Fahrzeugdetektion durch Fusion monoskopischer Video-merkmale. 2007
ISBN 978-3-86644-139-2

Band 008 Dang, Thao
Kontinuierliche Selbstkalibrierung von Stereokameras. 2007
ISBN 978-3-86644-164-4

Band 009 Kapp, Andreas
Ein Beitrag zur Verbesserung und Erweiterung der Lidar-Signalverarbeitung für Fahrzeuge. 2007
ISBN 978-3-86644-174-3

Band 010 Horbach, Jan
Verfahren zur optischen 3D-Vermessung spiegelnder Oberflächen. 2008
ISBN 978-3-86644-202-3

Band 011 Böhringer, Frank
Gleisselektive Ortung von Schienenfahrzeugen mit bordautonomer Sensorik. 2008
ISBN 978-3-86644-196-5

Band 012 Xin, Binjian
Auswertung und Charakterisierung dreidimensionaler Messdaten technischer Oberflächen mit Riefentexturen. 2009
ISBN 978-3-86644-326-6

Band 013 Cech, Markus
Fahrspurschätzung aus monokularen Bildfolgen für innerstädtische Fahrerassistenzanwendungen. 2009
ISBN 978-3-86644-351-8

Band 014 Speck, Christoph
Automatisierte Auswertung forensischer Spuren auf Patronenhülsen. 2009
ISBN 978-3-86644-365-5

Band 015 Bachmann, Alexander
Dichte Objektsegmentierung in Stereobildfolgen. 2010
ISBN 978-3-86644-541-3

Band 016 Duchow, Christian
       Videobasierte Wahrnehmung markierter Kreuzungen
       mit lokalem Markierungstest und Bayes'scher
       Modellierung. 2011
       ISBN 978-3-86644-630-4

Band 017 Pink, Oliver
       Bildbasierte Selbstlokalisierung von Straßenfahrzeugen.
       2011
       ISBN 978-3-86644-708-0

Band 018 Hensel, Stefan
       Wirbelstromsensorbasierte Lokalisierung von Schienenfahr-
       zeugen in topologischen Karten. 2011
       ISBN 978-3-86644-749-3